Alexander Aufschläger

Mikromodellbau – Baumaschinen

Bagger, Radlader und Co. im kleinen Maßstab

vth - Fachbuch
Best.-Nr.: 3102282

Redaktion: Oliver Bothmann
Layout: Uschi Klee

Bibliografische Information der Deutschen Nationalbibliothek:
Die Deutsche Nationalbibliothek verzeichnet diese Publikation
in der Deutschen Nationalbibliografie; detaillierte bibliografische
Daten sind im Internet über http://dnb.d-nb.de abrufbar.

ISBN 978-3-88180-496-7
1. unveränderte Auflage 2022 by Verlag für Technik und Handwerk neue Medien GmbH
Bertha-Benz-Str. 7, 76532 Baden-Baden

Printed in Germany
Druck: Colordruck Solutions, Leimen

Mikromodellbau – Baumaschinen

Bagger, Radlader und Co. im kleinen Maßstab

Alexander Aufschläger

Verlag für Technik und Handwerk neue Medien GmbH
Baden-Baden

Inhaltsverzeichnis

Kapitel 1: Baumaschinen, das Salz in der Suppe

1.1 Einleitung

Was ist Mikromodellbau? Diese Frage höre ich öfter, wenn ich auf Ausstellungen oder Messen bin. Eigentlich ganz einfach. Wir realisieren RC-Funktionen in sehr kleine Modelle, die nicht im Maßstab 1:16 aufwärts sind. Der gängigste Maßstab im Mikromodellbausektor ist 1:87 – in der Modellbahnwelt auch als H0 bezeichnet. Die Maßstäbe 1:50, 1:32 oder 1:24 sind auch eine Randgruppe. Ich persönlich zähle diese auch zu den Mikromodellen dazu. Aber das ist eine persönliche Einstellung.

Die Geburtsstunde des Mikromodellbaus startete in den 80er Jahren. Ende der 80er brachte damals die Firma robbe einen Gliederzug mit Fernsteuerung im Maßstab 1:87 auf den Markt. Aber dies war damals eher ein Einzelfall auf dem Markt. Der eigentliche Boom des Mikromodellbaus startete so richtig erst in diesem Jahrtausend, als das Miniatur Wunderland in Hamburg mit dem Car-System von Faller in der Modellstadt Knuffingen so richtig Werbung in allen Medien machte. Das Faller-Car System ist im Grunde recht einfach aufgebaut: In der Fahrbahn einer H0-Anlage wird ein Eisendraht eingebaut. Anhand diesem wird dann über einen kleinen Magneten in der Lenkachse des Fahrzeugs gesteuert. Der Antrieb erfolgt über einen Motor, der die Antriebsachse antreibt. Über einen Reedkontakt und eine Elektromagnet in der Fahrbahn kann das Fahrzeug auf der Anlage gestoppt werden. Aber das Fahrzeug an sich kennt nur eine Funktion – Vollgas voraus. Das waren die Anfänge mit diesem System. Heute gibt es auf dem Markt auch noch Zusatzkomponenten, sodass man die Lichtfunktionen oder das ganze Fahrzeug steuern kann. Aber im Grunde folgt das Fahrzeug immer noch dem Draht in der Fahrbahn.

Und da ist der Sprung zum Mikromodellbau nicht mehr weit, wenn man in das Geschehen des Fahrzeugs aktiv eingreifen will. Sprich man will aktiv das Fahrzeug steuern und damit auch zum Beispiel rückwärts rangieren. Das geht nur, wenn man das Fahrzeug mit einer Fernsteuerung umbaut oder gleich neu aufbaut.

Warum Baumaschinen? Baumaschinen übten schon immer eine magische Anziehungskraft auf mich aus. Wer denkt nicht gerne zurück an seine Kindheit, wenn in der Nähe eine Baustelle mit einem Bagger war. Damals habe ich stundenlang an so einer Baustelle gestanden und habe das Treiben der Baumaschinen beobachtet. Nach meiner Meinung kann man mit einem Bagger viel mehr an Aktion darstellen, als zum Beispiel mit einem LKW. Daher besteht mein eigener Fuhrpark 80% aus Baumaschinen. Auch auf Messen oder Ausstellungen ist es immer wieder schön anzuschauen, wenn die Augen der Besucher so richtig aufgehen, wenn so ein kleiner Bagger auf den Modulen seine Arbeit aufnimmt. Das Publikum ist einfach fasziniert davon, was man alles für Funktionen in so einem kleinen Modell unterbringen kann. Egal ob LKW, PKW oder Baumaschinen.

Einige von Ihnen kennen ja schon den einen oder anderen Baubericht über Mikromodelle, die in der TRUCKmodell veröffentlich wurden. Ich selbst betreibe das Hobby Mikromodellbau schon seit 2004. Ausschlaggebend war ein Baubericht über einen Seilbagger im Maßstab 1:87 von Thorsten Feuchter, der in dieser Zeitschrift veröffentlich wurde.

Bei den meisten Neueinsteigern im Mikromodellbau ist das erste Modell meistens immer ein LKW, da in diesem genügend Platz zur Verfügung stellt. Bei mir war das ein bisschen anders. Ich wollte immer einen Bagger für die Modelleisenbahn, mit dem man LKWs oder Eisenbahnwagons beladen konnte. Daher war mein erstes Modell ein Menck Seilbagger von Kibri, den ich umgebaut habe. Die erste Version hatte nur die vier Hauptfunktionen für Drehen, Ausleger verstellen und die beiden Seiltrommeln. Hier hatte ich die Funktionen über umgebaute Micro-Servos realisiert und als Empfänger diente damals ein GWS 40 MHz-Empfänger. Fahren konnte der Bagger leider noch nicht. Erst als ich dann die Empfänger von MZK hatte, wurde auch die Fahrfunktion realisiert. Erst als ich dann schon meinen dritten Seilbagger gebaut hatte, war mal ein LKW an der Reihe. Aber da alle Komponenten zur damaligen Zeit doch recht groß waren, hatte man immer Platzprobleme. Hier war die IR-Technik schon eine Erleichterung, da die IR-Empfängerbausteine um einiges kleiner waren. Aber dafür hatte man im Freien oder auf Messen immer wieder Probleme mit der Übertragung.

Auch heute hat man das Platzproblem immer noch, obwohl die Komponenten sehr klein geworden sind. Aber dafür will man heute noch mehr Funktionen in so ein Modell einbauen, wie zum Beispiel Sound. Auch das ist mittlerweile kein Problem mehr.

Insgesamt habe ich schon an die 50 Baumaschinen im Maßstab 1:87 unterschiedlicher Art in den letzten zwölf Jahren gebaut. Und von Version zu Version wurden immer wieder mal andere Wege ausprobiert oder betrachtet. Nur durch dieses Ausprobieren konnte ich eine Menge an Erfahrungen sammeln.

Und dies ist der Grund, warum ich dieses Buch geschrieben habe. Ich möchte meinen Erfahrungsschatz weitervermitteln, damit jeder in der Lage ist, einmal ein Baufahrzeug in diesem Maßstab bauen zu können. Aber dieses Buch soll auch Anregungen für die Modellbauer bringen, die in einem größeren Maßstab bauen. Denn auch im großen Maßstab hat man eventuell nicht gleich die richtige Idee parat, um eine knifflige Sache zu lösen.

1.2 Unterschiede zwischen Mikromodellen & Mikro-Baumaschinen mit Sonderfunktionen

Egal in welchem Maßstab: Baumaschinen unterscheiden sich im Wesentlichen immer von den „normalen“ Fahrzeugen. Der Grund dafür liegt im Funktionsumfang und dem mehr an Spielwert. Mit Baumaschinen hat man mehr Einsatzmöglichkeiten als mit einer normalen Zugmaschine, mit der man nur einen Auflieger spazieren fährt.

Ein Baufahrzeug hat einfach mehr mechanische Funktionen und dafür weniger Platz zur Verfügung. Nehmen wir mal als Beispiel einen Muldenkipper. Meistens haben diese mindesten drei Achsen und ein kleines Führerhaus. Die Mulde soll ja leer bleiben, damit man etwas transportieren kann. Und daraus folgt, es soll auch per Fernsteuerung die Mulde gekippt werden. Somit hat man schon drei mechanische Funktionen für Lenken,

Fahren und Kippen, die realisiert werden sollen. Aber wohin mit der ganzen Technik in diesem Modell, wenn dann noch on Top die Beleuchtung auch gleich mit dabei sein soll? Das Modell hat ja nur das kleine Führerhaus.

Und genau an diesen Punkt scheitern viele. Wie soll die ganze Technik nur in dieses kleine Modell rein? In einem Feuerwehrwagen habe ich genügend Platz im hinteren Aufbau. Da bekommt man locker alles rein. Hier muss man bereit sein, sich eine andere Denkweise sich anzueignen. Es geht heutzutage alles rein. Man benötigt nur ein anderes Platzmanagement als bei einem normalen LKW. Man muss auch bereit sein noch kleinere Komponenten zu verwenden. Denn spätestens beim Radlader – man will den Kipper ja auch irgendwie beladen – geht es dann richtig eng zu. Aber es ist möglich so ein Modell aufzubauen. Mit der heutigen Technik lässt sich schon sehr viel realisieren. Zum Beispiel habe ich einen Bagger aufgebaut, der neben den sechs Hauptfunktionen noch über zwei Zusatzfunktionen und Sound verfügt. Natürlich ist es ein entsprechender Aufwand solch ein Modell zu bauen. Aber ich bin überzeugt, dass jeder Modellbauer es schaffen kann, ein solches Modell aufzubauen.

Aber was ist technisch gesehen der Unterschied zwischen einem normalen Mikromodell und einem Baufahrzeug? Wenn wir mal als Grundlage eine Zugmaschine mit einem Baustellenkipper vergleichen, dann hat der Baustellenkipper technisch gesehen neben den Grundfunktionen Fahren, Lenken und Licht noch die Kippfunktion der Mulde. Also eine Funktion mehr. Mit den meisten Fernsteuerungen ist diese Zusatzfunktion kein Problem. Bei einem Bagger sieht die Sache schon anders aus. Hier haben wir in der Grundausstattung mindestens sechs Kanäle für die Funktionen Kette links, Kette rechts (bei einem Mobilbagger wäre das dann fahren, lenken), Drehen des Oberwagens, Arm, Löffelstiel und den Löffel. Und bei den meisten kommt dann noch Licht „on top“ dazu. Dann sind wir schon bei sieben Funktionen, die man getrennt auf der Fernsteuerung bedienen soll. Aber es gibt auch die Möglichkeit mit nur fünf Kanäle einen Bagger zu steuern, was dann in den folgenden Kapiteln beschrieben wird.

Zum Beispiel für eine Planierraupe oder einen Seilbagger werden für das Steuern gegebenenfalls noch Mischfunktionen benötigt, die kleinere Fernsteuerungen meistens nicht besitzen. Hier kann ich nur den Rat geben, lieber gleich mehr Geld für eine vernünftige Anlage auszugeben, bevor man ständig nachkauft. Denn egal in welchen Sektor des Funktionsmodellbaus auch einsteigen will: wenn man mehr machen möchte, als der Standard vorgibt, dann liegt die Begrenzung der Möglichkeiten nur an dem Funktionsumfang und Möglichkeiten von der Fernsteuerung.

Ein weiterer Punkt für Baumaschinen ist die Umsetzung der Funktionen. Bei einem normalen Mikromodell kann man auf Standard-Komponenten wie Lenkachse, Getriebe und elektronische Bausteine zurückgreifen. Zum Beispiel gibt es von der Firma Sol-Expert Anfängersets, in denen alle Komponenten enthalten sind, die man für einen Umbau eines LKW im kleinen Maßstab benötigt. Bei Baumaschinen gibt aber der Markt leider nicht so viel her. Hier muss man wirklich die meisten Komponenten für einen Bagger wie zum Beispiel Kettenantrieb oder Drehkranz selber herstellen. Dadurch benötigt man auch zusätzliches Equipment im Gegensatz zu denen, die sich auf das Umbauen von normalen Modellen wie LKW beschränken. Aber man soll sich nicht gleich am Anfang eine Fräs- oder Drehmaschine kaufen, wenn man nur einmalig eine Baumaschine aufbauen will. Hier sollte man eventuell im Bekanntenkreis nachforschen, ob es nicht hier schon Möglichkeiten gibt das eine oder andere Bauteil anfertigen zu lassen.

Aber jetzt genug der Vorworte – wir wollen jetzt tiefer in die Materie einsteigen.

Früher gab es nur die Möglichkeit über umgebaute Mikroservos an kleine Getriebemotoren zu kommen

Bei meinem Menck Seilbagger sind sehr viele Komponenten auf kleinsten Raum im Modell untergebracht

▾ Ein schönes nostalgisches Gespann. Beide Modelle wurden auf RC umgebaut

Auch im Sandkasten kann man mit Mikro-Baumaschinenseinem Spieltrieb nachgehen

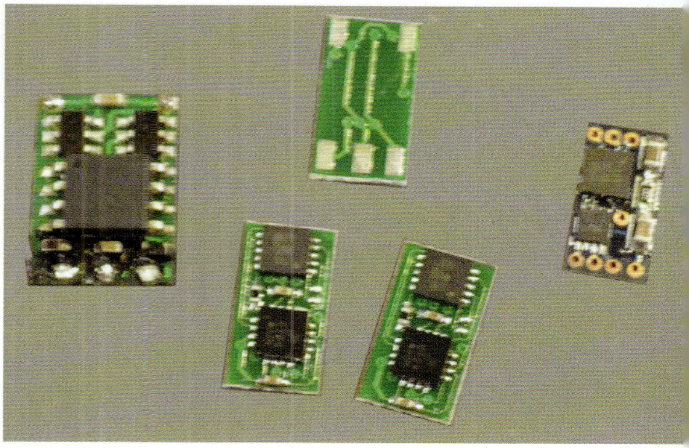

Links sieht man einen Fahrtregler, der vor Jahren Standardgröße war. Mit der Zeit wurden auch diese Komponenten immer kleiner

Umso kleiner der Fahrtenregler ist, desto einfacher findet man einen Platz für ihn im Modell

Mit Mikromodellen bekommt man Bewegung auf die heimische Modelleisenbahn

Kapitel 2: Grundlagen und technische Voraussetzungen

2.1 Was brauche ich an Werkzeugen?

In fast jedem Hobby braucht man Hilfsmittel oder wie in unserem Fall Werkzeug. Damit man mit dem Mikromodellbau so richtig loslegen kann, benötigt man eine Grundausstattung. Danach werden wir das Thema noch um die Dinge erweitern, die man zusätzlich an Werkzeug für den Bau von Baumaschinen benötigt. Hier ein Tipp. Man sollte nicht bei der Anschaffung von Werkzeug sparen, wenn man ein vernünftiges Ergebnis erreichen will. Gutes Werkzeug ist schon die halbe Miete für den Erfolg im Modellbau. Lieber am Anfang auf ein paar Modelle verzichten und dafür das Budget dort anlegen.

Grundausstattung

Beim Mikromodellbau arbeitet man an sehr kleinen Modellen, daher sollte man sich entweder eine Lupenlampe oder Lupenbrille zulegen. Beides ist natürlich auch möglich. Dann benötigen wir ein paar Pinzetten mit unterschiedlichen Längen und Ausführungen. Eine Klemmpinzette sollte im Werkzeugbestand nicht fehlen. Dazu kommen noch diverse Zangen, wie Seitenschneider klein und mittelgroß, Elektronik Seitenschneider, Flachzange, Justierzangen mit schmalen und breiten Backen, Spitzzange. Unterschiedliche Schraubendreher, hier sollte man aber daran denken, dass man eher die kleineren Ausführungen benötigt, da wir im Mikromodellbausektor eher mit M1 bis M0,6-Schrauben umgehen. Ein Satz Nadelfeilen oder/und Diamantfeilen gehören auch zum Standardsortiment.

Eine Lötstation mit feinen Lötspitzen, um die feinen Kabeln oder SMD-LEDs überhaupt löten zu können. Dazu noch feines Lötzinn, Absaugpumpe und Entlötlitze. Dann benötigen wir noch eine Handbohrmaschine. Ich bevorzuge die Micromot 230/E von Proxxon. Sie ist sehr leise, hat Kraft und liegt gut in der Hand. Dazu unterschiedliche Diamant- und HSS-Fräser und Trennscheiben und natürlich nicht zu vergessen HSS-Bohrer. Hier sollte man ab 0,3 bis 2,5 mm die Bohrer in 0,1-mm-Schritten in seinem Bestand haben.

Um die kleinen Bauteile besser für die Verarbeitung halten oder fixieren zu können, sollte ein kleiner Maschinenschraubstock nicht fehlen. Auch Stielfeilkloben (kleine Schraubzwingen mit Haltegriff) haben sich in der Praxis als nützlich erwiesen. Dann sollte man sich noch einen Feinmechaniker-Schraubstock sich zulegen, der an der Arbeitsplatte fixiert wird.

Und nun kommen wir zu einem wichtigen Teil: dem Messwerkzeug! Da wir hier mit sehr kleinen Bauteilen und Werkstoffen arbeiten ist genaues Messwerkzeug das A und O. Ein Messschieber ist hier das Wichtigste überhaupt. Ein Haarwinkel für die Oberflächenbearbeitung und ein Metalllineal bilden hier die Ergänzung. Ein Winkelmesser ist von Vorteil, aber nicht gerade ein Muss, da dieser eher selten benutzt wird. Ansonsten sollten Anreißnadel, Körner und ein Handbohrer auf dem Arbeitstisch liegen.

Wenn man das Werkzeug so betrachtet, dann bewegen wir uns im Bereich der Feinmechanik. Und in der Tat ist es auch in der Praxis Feinmechaniker-Arbeit, die wir leisten müssen.

Zusätzliches Werkzeug

Da man sich für Baumaschinen das ein oder andere Werkstück selber anfertigen muss, da es auf dem Markt keinen Ersatz gibt, muss man eventuell tief in die Tasche greifen. Denn ohne Drehmaschine oder Fräse geht es nahezu nicht mehr. Dazu kommen noch die Werkzeuge wie Fräser, Dreh-Meißel, Teil-Apparat dazu. Es kann schon eine Zeit dauern, bis man alle benötigten Werkzeuge hat, aber ab diesen Zeitpunkt kann man theoretisch alles realisieren. Ein Modellbaukollege hat den kompletten Kibri Kettenbagger Liebherr 974 aus Aluminium hergestellt.

Man kann den Maschinenfuhrpark natürlich auch für die anderen Sektoren des Modellbaus verwenden. Wie man mit den Maschinen umgeht, dazu gibt es vom VTH-Verlag einige Bücher. Das Meiste lernt man in der Praxis im Umgang mit den Maschinen. Ich war hier selbst ein kompletter Quereinsteiger, habe aber viele nützliche Tipps von einem Freund bekommen, der gelernter Maschinenbauer ist. Sollte sich jemand dies nicht zutrauen, dann kann man im Bekanntenkreis oder in Foren nach Leuten Ausschau halten, die eventuell die benötigten Werkstücke anfertigen.

2.2 Was für eine Fernsteuerung benötige ich?

Das ist schon immer eine Qual für jeden gewesen, der mit dem Modellbau begonnen hat. Man kann zehn Leute fragen und bekommt dazu zwanzig Antworten. Es ist immer in erster Linie eine Frage, was man machen will. Will man in erster Linie nur im LKW-Sektor bleiben, dann genügt in den meisten Fällen eine herkömmliche 4-Kanal-Fernsteuerung. Was bedeutet vier Kanäle? Man kann mit einer 4-Kanal-Fernsteuerung vier separate Servos proportional steuern. Für einen LKW benötigt man zwei Kanäle für Fahren und Lenken. Somit hat man dann noch zwei Kanäle für Sonderfunktionen wie Licht frei.

Aber was ist mit einem Bagger? Hier reichen vier Kanäle nicht mehr aus, da ja schon alleine die Baggerfunktionen vier Kanäle benötigen. Hier gibt es nur noch einen Weg: man benötigt eine Anlage mit weiteren Kanälen.

Bevor wir diese Frage beantworten können, ist in erster Linie die Frage, was gibt es auf dem Markt für Komponenten zu kaufen, die für Mikromodellbau wirklich geeignet sind. Auf dem deutschen Markt gibt es eigentlich nur noch zwei Anbieter, die wirklich brauchbare Empfänger für den Mikromodellbau anbieten. Zum einen das Graupner Hott-System, da die Empfänger GR-12SH und GR-12SC durch ihre Größe für dieses Hobby geeignet sind. Beide Empfänger sind 6-Kanal-Empfänger, die auf dem 2,4-GHz-System basieren. Die Mikroempfänger der englischen Firma Deltang, die man zum Beispiel über den Händler Sol-Expert beziehen kann, basieren auch auf der 2,4-GHz-Technik, arbeiten aber nicht mit dem Hott-Format von Graupner, sondern mit dem DSM2/DSMX Format von Spektrum.

Natürlich gibt es auch noch die Mikroempfänger aus dem 40-MHz-Bereich, aber die sind eher vom Aussterben bedroht. Zusätzlich existieren noch 2,4-GHz-Mikroempfänger vom chinesischen Markt, die auch mit Spektrum-Format arbeiten, aber hier ist immer die Beschaffung der Bauteile wegen Zoll und Lieferzeiten ein Problem.

Im Grunde haben wir zwei 2,4-GHz-Formate, die wir nutzen können. Somit gibt es dann auch nur zwei Hersteller, von denen wir eine Anlage beziehen können: Graupner und Spektrum. Wobei es bei Spektrum es eine kleine Einschränkung gibt: Die neuen Fernsteuerungen werden nicht mehr mit dem DSM2-Format ausgeliefert. Was zu einem Problem führen kann, wenn man von Deltang einen Empfänger bekommt, der nur dieses Format kennt. Aus diesem Grund „verstehen" die neueren Empfänger von Deltang beide Formate. Wenn man jetzt zum Beispiel aus Kostengründen die Formate von beiden Herstellern nutzen will, da die Hott-Empfänger billiger sind als die von Deltang, dann kann man die Graupner-Fernsteuerungen mit einem Sendemodul von Deltang aufrüsten. Somit hat man dann eine Fernsteuerung für beide Formate.

Aber es gibt auch noch eine weitere Möglichkeit, wenn man schon einen Sender besitzt, der nicht von den beiden Herstellern ist. In diesem Fall kann man seine Fernsteuerung mit einem Deltang- oder/und Hott-Sendemodul aufrüsten. Das Sendemodul von Deltang benötigt nur eine Stromversorgung und ein PPM-Signal, dass ohnehin von der Fernsteuerung erzeugt wird. Die meisten schließen das zusätzliche Sendemodul am Schülerausgang der Fernsteuerung an. Aber dies muss man im Einzelfall überprüfen, da es sehr starke Abweichungen zwischen den Herstellern gibt.

Auf manchen Gebrauchtmärkten kann man mit viel Glück auch noch ein altes Sendemodul von Spektrum mit dem Format DSM2 kaufen. Die meisten Sendemodule haben neun Kanäle und damit kann man ohne großen Aufwand seine Anlage umrüsten. Aber diese Sendemodule sind eher rar auf dem Gebrauchtmarkt zu haben.

Bei der Frage welche Anlage empfehle ich eine moderne Computerfernsteuerung. Hier kann man bequem die einzelnen Funktionen separat in der Anlage einstellen und man hat die Möglichkeit für jedes Modell die eigenen Einstellungen separat in den sogenannten Modellspeichern individuell abzuspeichern. Eine Computeranlage sollte folgende Funktionen beinhalten:

Mehrere Modellspeicher
Servoreverse
Servoweg Einstellungen
Dual/Expo
Freie Kanalzuordnung von den Kanälen des Empfänger auf die Funktionen der Fernsteuerung
Freie Mischer
Schülerfunktion für den Fall, dass man ein externes Sendemodul benötigt
Zusätzliche Schalter/Schieber an der Anlage, mit denen man einen proportionalen Kanal ansteuern kann

Diese Grundausstattung an Funktionen und Einstellmöglichkeiten ist völlig ausreichend für uns Mikromodellbauer. Wie viele Kanäle man benötigt hängt davon ab, was man mit seinem Modell vor hat und was das Budget hergibt. Für einen Bagger mit seinen Grundfunktionen und Licht benötigt man insgesamt sieben Kanäle. Aber es gibt auch eine Möglichkeit einen kompletten Bagger mit nur fünf Kanälen zu steuern und hier muss man auch nicht auf die Lichtfunktion verzichten. Wenn der Bagger aber beispielsweise noch zusätzliche Funktionen für einen Sortiergreifer haben soll, dann ist es ratsam sich lieber gleich am Anfang für eine größere Anlage zu entscheiden. Denn im Nachhinein von einer kleinen Anlage auf eine größere zu wechseln ist immer mit Mehrkosten behaftet. Der Kauf einer vernünftigen Anlage ist in der Regel nur eine einmalige Investition, da man die Fernsteuerung mehrere Jahre hat.

Ein weiterer Punkt bei den Computeranlagen ist die Handhabung und die Programmierung. Hier sollte man sich schon im Vorfeld Informationen einholen oder auf den Messen direkt vom Hersteller beraten lassen. Denn die Handhabung der einzelnen Anlagen und die Programmierung unterscheiden sich erheblich voneinander. Ich persönlich habe sehr gute Erfahrungen mit den Anlagen MC-32 und MC-20 von Graupner, wie auch mit der Spektrum DX8 gemacht. Auch die Futaba Fernsteuerung T12fg mit einem Spektrum Sendemodul hat mir immer treue Dienste geleistet.

Die Fernsteuerung DX10 von Spektrum ist sehr weit verbreitet in der Mikromodellbau Szene, hat mich aber leider noch nie im Thema Programmierung überzeugen können. Aber das ist eine persönliche Einschätzung und jedem selbst überlassen. Denn man sollte sich persönlich mit seiner Fernsteuerung gut fühlen und auch damit gut zurechtkommen.

2.3 Grundlagen in der Realisierung von Baumaschinenfunktionen im Mikromodellbau

In einem Baufahrzeug oder Baumaschine haben wir sehr viele mechanische Funktionen, die realisiert werden müssen. Im Original übernimmt dies überwiegen die Hydraulik. Auch im größeren Maßstab wie 1:14 hat die Hydrauliktechnik schon seit Jahrzenten den Einzug gehabt. Aber ist das auch möglich für den Mikromodellbau? Kann man einen Bagger im Maßstab 1:87 auch mit echten Hydraulik-Zylindern betreiben? Diese Fragen höre ich sehr oft auf dem Messen und Ausstellungen. Die Antwort ist Nein. Derzeit gibt es keine Möglichkeit Hydrauliktechnik in so ein Modell einzubauen. Zum einen sind die Komponenten wie Hydraulikpumpe oder Ventilblock in dieser Größe nicht herzustellen. Auch wenn die Möglichkeit bestünde, bekommt man die Anlage wegen des geringen Querschnitts der Leitungen und Zylinder nicht 100% dicht und zum anderen hat man auch das Problem, dass die Kraft solch einer Anlage zu gering ist. Die Kraft eines Hydraulik-Zylinders hängt von zwei wesentlichen Größen ab. Zum einen ist der Innenquerschnitt des Zylinders ausschlaggebend und zum anderen der Betriebsdruck. Hier ein kleines Rechenbeispiel für die Berechnung der Kraft eines Zylinders:

Innenquerschnitt des Zylinders
$(r^2 \times \pi) \times$ Betriebsdruck (bar) = Kraft in Newton

Nehmen wir an der Zylinder hätte einen Innendurchmesser von 100 mm und einen Arbeitsdruck von 100 bar. Somit wäre das Ergebnis die Kraft, die der Zylinder bei voller Leistung erbringen kann:

$(100\ mm/2)^2 \times \pi = 7.854\ mm^2 \approx 78,5\ cm^2$
$78,5\ cm^2 \times 100$ bar = 78,50 Kilonewton

Sprich der Zylinder könnte 7,8 Tonnen drücken. Hier noch ein Rechenbeispiel zu einem Modellbagger mit 25 bar Druck von der Firma Fumotec.
Innendurchmesser des Stiel-Zylinders:
14 mm => $1,54\ cm^2$
$1,54\ cm^2 \times 25$ bar = 0,385 Kilonewton

Also kann der Bagger mit seinem Stiel ca. 35 kg bewegen, wenn man noch den Wirkungsgrad eines Hydraulik-Zylinders mit 85-90% dazu berechnet.

Aber was heißt das jetzt im Maßstab 1:87? Da die Modelle recht klein sind, können wir nicht mit großen Zylindern oder hohem Druck arbeiten. Hier ein kleines Rechenbeispiel, wenn wir davon ausgehen, dass der Innendurchmesser 2 mm ist und der Druck 5 bar. Höherer Druck kann leider nicht verwendet werden, da ja die Schläuche und Leitungen dem Druck standhalten müssen.
$3,14\ mm^2 \times 5$ bar = 1,57 Newton

Theoretisch können wir mit dem Zylinder 1,4 g bewegen. Das ist viel zu wenig, denn man will ja auch die Schaufel vom Bagger in Sand eintauchen können. Somit ist das Hydraulik Thema leider für den Mikromodellbau vorerst gestorben. Aber wer weiß schon was in Naher Zukunft alles noch möglich sein wird.

Aber wir wollen doch einen Bagger in dem Maßstab bewegen und gegebenenfalls auch damit im Sand spielen können. Was tun?

Für die Bewegung der unterschiedlichen Funktionen von Baufahrzeugen oder auch für andere Modelle gibt es eine Vielzahl an Möglichkeiten. Aber bevor wir diese beleuchten, sollten wir uns den Markt für Mikrogetriebe ansehen. Auf dem Markt gibt es eine Vielzahl an Getriebe für den Modellbau. Aber die meisten davon sind für den Mikromodellbau wegen deren Größe eher ungeeignet. Vor ca. zehn Jahren gab es im Mikromodellbau nur wenige Möglichkeiten ein Getriebe für diesen Maßstab zu verwenden. Für den Antrieb eines LKW war es in den meisten Fällen noch recht einfach. Man nahm einen kleinen Motor, der über eine Schnecke ein Zahnrad antrieb. Diese Art von Antrieb wird noch heute in den meisten Faller-Car-Fahrzeugen immer noch verwendet. Aufgrund der kleinen Übersetzung und der hohen Drehzahl vom Motor war das Fahrverhalten sehr gewöhnungsbedürftig, da die Modelle immer zu schnell waren. Daher haben viele Mikromodellbauer noch eine weitere Getriebestufe eingebaut.

Aber diese Antriebstechnik war für die meisten Funktionen für Baumaschinen eher ungeeignet. Daher gab es nur zwei Möglichkeiten ein brauchbares Getriebe für Baumaschinen zu bauen. Die eine Möglichkeit war selber ein Getriebe zu erstellen, was aber sehr aufwendig war und wovor die meisten Modellbauer scheuten. Die zweite Möglichkeit war, dass man ein Mikroservo zu einem Getriebe umgebaut hat. Dies ist recht einfach. Man entfernte die Servo-Elektronik und das Drehpoti eines Servos und verbindet den Motor mit einem Fahrtregler. Diese Art von Antrieb verwendeten die meisten Mikromodellbauer beim Umbau eines Baggers oder Radladers.

Allerdings war aufgrund der Größe der damaligen Servos der Umbau nicht so einfach. Man musste sehr viele Kompromisse eingehen. Erst als uns die ersten Mikro-Planetengetriebe aus China mit einem 6-mm-Motor erreichten, hatten wir dann viel mehr Möglichkeiten bei der Umsetzung.

Heutzutage verwenden die meisten immer noch diese Planetengetriebe. Dazu gibt es insgesamt vier verschiedene Übersetzungen von diesen Mikrogetriebe: 1:5 wird sehr oft für die Umsetzung eines Antriebs für einen LKW verwendet. 1:26 kann man auch für den Antrieb eines LKW verwenden, aber ich selber nutze diese Übersetzung für den Drehantrieb des Oberwagens eines Baggers. 1:136 für die Hubfunktion eines Radlader oder kleinen Bagger, 1:700 ist eher das Getriebe, welches man für die meisten Sonderfunktionen in einem LKW oder für die Funktion der Baumaschinen verwenden kann.

Diese Getriebe kann man im Mikromodellbau wirklich als Universalgetriebe bezeichnen. Sie haben alle einen Durchmesser von ca. 6 mm und unterscheiden sich nur in der Länge. Dies ist immer davon abhängig, welche Übersetzung das Getriebe hat. Aber es gibt auch ein Planetengetriebe mit einem 4-mm-Motor und einer Übersetzung von 1:125. Diese Getriebe kann man eher für Funktionen verwenden, bei denen keine große Kraft benötigt wird, beispielsweise für das Heben oder Senken einer Rampe am Tieflader. Für einen Bagger sind diese Getriebe eher ungeeignet. Von der Firma Mikroantriebe gibt es auch einen Getriebeblock mit einem 4-mm-Motor und einer Übersetzung von 1:2.016. Dieses Getriebe eignet sich sehr gut für die Umsetzung von Sonderfunktionen im Modell. Dieses Getriebe verwende ich zum Beispiel für das Heben und

Senken des Planierschilds einer Planierraupe oder für die Drehfunktion des Sortiergreifers für einen Bagger. Von diesem Hersteller gibt es auch kleinere Getriebe mit 4-mm-Motoren, die aber eher für den Antrieb von PKWs im Maßstab 1:87 verwendet werden. Denn umso kleiner Motor und die Übersetzung, umso kleiner ist auch das Drehmoment des Getriebes. Die Physik können wir auch im kleinen Maßstab nicht komplett aushebeln.

Nachdem wir jetzt schon wissen, was für Getriebe es auf dem Markt gibt, ist es aber von Fall zu Fall trotzdem notwendig, dass man den gekauften Getrieben noch eine zusätzliche Getriebestufe hinzufügt. Der Grund dafür sind die örtlichen Gegebenheiten im Modell. Zum Beispiel beim Drehantrieb eines Baggers. Ein 1:700er-Planetengetriebe ist ohne Achse 22,9 mm lang. Würden wir dieses Getriebe stehend im Bagger für den Drehantrieb einbauen, dann würde das Getriebe immer noch 10 mm aus dem Bagger raus ragen. Das sieht nicht gut aus. Daher muss man eine Getriebestufe zusätzlich einbauen, damit das Planetengetriebe waagrecht im Modell verbaut werden kann. Aber eine zusätzliche Getriebestufe verlangsamt die Bewegung. Daher sollte man sich auch mit der Berechnung von Getriebe-Übersetzungen auseinandersetzen – egal ob man eine Sonderfunktion oder den Antrieb eines Fahrzeugs umsetzen will. Die einfachste Formel ist für Getriebe, bei denen eine Schnecke ein Zahnrad antreibt. Denn immer wenn die Schnecke eine Umdrehung macht, wird das Zahnrad um einen Zahn weiter bewegt. Wenn wir mit einer Schnecke ein Zahnrad mit 20 Zähnen antreiben, dann muss die Schnecke sich 20mal drehen, damit das Zahnrad eine komplette Umdrehung macht. Somit wäre ja die Umsetzung oder Berechnung eines Getriebes mit Schnecke recht einfach. Aber es gibt einen kleinen Nachteil: Durch die hohe Reibung der Schnecke auf dem Zahnrad im Vergleich zu einem Getriebe ohne Schnecke verliert man einen gewissen Anteil des Drehmoments. Der Vorteil ist wiederum, dass man eine relative hohe Übersetzung auf kleinen Raum aufbauen kann.

Schnecke – Zahnrad - Getriebe

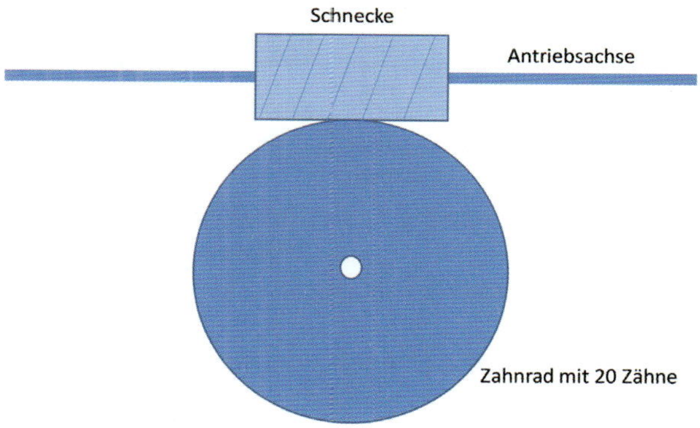

Alternativ zu dem Schnecke-Zahnrad-Getriebe gibt es auch die Möglichkeit nur mit Zahnräder zu arbeiten. Die ist zum Beispiel der Fall, wenn man nicht die Möglichkeit hat Antriebsachse zum Zahnrad im 90 Grad Winkel in das Modell einzubauen. Aber ein reines Zahnrad-Getriebe hat auch einen kleinen Nachteil. Die Übersetzung zwischen Zahnrad zu Zahnrad fällt meistens im Vergleich zu einer Schnecken-Übersetzung kleiner aus.

Ein kleines Beispiel. Ein Zahnrad mit 9 Zähnen treibt ein Zahnrad mit 27 Zähnen an. Damit das große Zahnrad sich einmal dreht, muss sich das kleine Zahnrad nur dreimal drehen.

Anzahl der Zähne großes Zahnrad/Anzahl der Zähne kleines Zahnrad = Übersetzung

27/9 = 3 => Übersetzung 3:1

Aber wie sieht es aus wenn man statt einer Übersetzungsstufe zwei in das Getriebe einbaut? Also beispielsweise ein 9er-Zahnrad treibt ein 27er-Zahnrad an. Dies wiederum treibt ein 9er-Zahnrad an, das dann wieder ein 27er-Zahnrad antreibt.

Hier sieht die Formel so aus:

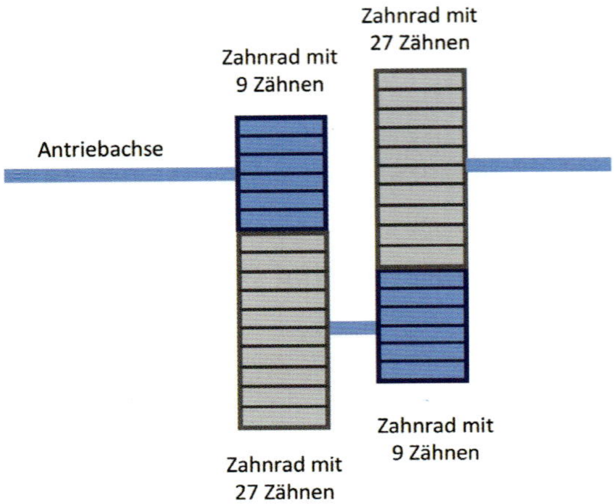

(Übersetzung 1. Stufe) × (Übersetzung 2. Stufe) × ……….. × (Übersetzung n-Stufe) = Gesamt-Übersetzung

Hier die Ableitung zu unserem Beispiel mit zwei Stufen:
(27/9) × (27/9) = 9 => Übersetzung des Getriebes 9:1

Wollen wir dann eine Gesamtübersetzung von 81:1 im Getriebe, dann benötigt mal vier Stufen wenn wir immer ein 27er-Zahnrad mit einem 9er-Zahnrad antreiben. Benötigt man eine größere Übersetzung, dann wird das Getriebe immer größer mit jeder weiteren Stufe.

Daher wird im Mikromodellbau eher die Kombination Schnecke-Zahnrad gewählt, da diese Art von Getriebe platzsparender ist. Aber diese Art von Getriebe hat einen Nachteil, denn hier ist die mechanische Reibung um ein einiges größer, als wenn ein Zahnrad ein anderes antreibt. Aber da die Mikromodelle nicht so groß und auch nicht so schwer sind, kann man diesen Nachteil eher vernachlässigen. Somit haben wir schon mal die Grundlagen von Getriebearten abgeschlossen. Nun beschäftigen wir uns mit den Fragen, wie man mechanische Bewegungen von Baumaschinen in dem Maßstab realisieren kann.

Was noch fehlt zum Eigenbau von Getrieben, ist die Berechnung der Achsabstände zwischen den Zahnrädern. Eine Möglichkeit ist, die einzelnen Zahnräder mit einer Schieblehre zu vermessen und mit den Daten dann die einzelnen Achsabstände berechnen. Aber es gibt noch eine weitere Möglichkeit: Man kann diese anhand der Zahnzahl und dem verwendetem Modul des Zahnrads berechnen. Für die Berechnungen ist immer der Teilkreis eines Zahnrads interessant. Er liegt exakt zwischen dem Außendurchmesser und dem inneren Durchmesser des Zahnrads.

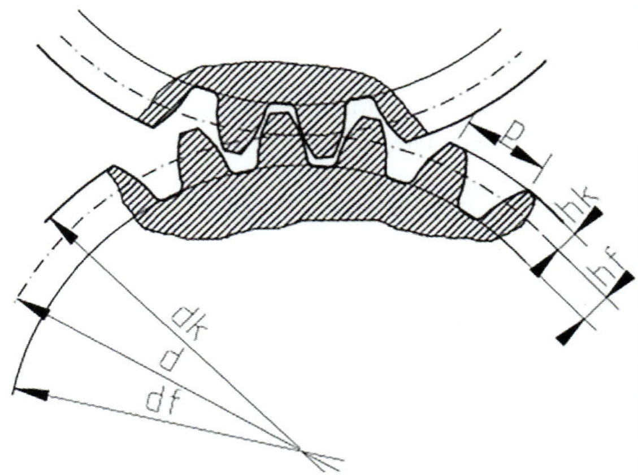

d = Teilkreis, dk = Außendurchmesser, df = Innendurchmesser.

Formel:
Teilkreis = Anzahl der Zähne x Modul
$d = z \times m$
Rechenbeispiel:
$d = 18 \times 0{,}2$
$d = 3{,}6$ mm

Also ist der Teilkreis eines Zahnrads mit 18 Zähnen und einem Modul 0,2 3,6 mm. Wenn man diesen Wert mit dem Datenblatt von Sol-Expert vergleicht, dann ist es derselbe Wert. Aber wie berechnen wir jetzt den Abstand? Dazu müssen wir noch einmal die Zeichnung betrachten. Was man sieht ist, dass sich die Teilkreise der jeweiligen Zahnräder im Scheitelpunkt treffen. Somit kann man folgende Formel anwenden:

Achsabstand = Teilkreis/2 vom ersten Zahnrad + Teilkreis/2 vom zweiten Zahnrad
Rechenbeispiel für den Abstand eines 18er und eines 20er Zahnrads mit Modul 0,2:
Achsabstand = d1/2+d2/2
= 3,6 mm/2+4 mm/2
= 1,8 mm+2 mm
= 3,8 mm

Somit haben wir jetzt die Möglichkeit zum einen die Übersetzung eines Getriebes zu berechnen und zum anderen auch den Achsabstand der einzelnen Zahnräder. Also steht einem Selbstbau eines Getriebes für den Mikromodellbau nichts mehr im Wege.

Es gibt eine Vielzahl an Möglichkeiten, wie man eine Bewegung im Modell umsetzen kann. Die ersten Fragen sind immer: Was will ich umsetzen und as sind die Platzmöglichkeiten im Modell? Für mich persönlich ist zudem noch immer wichtig ist, wie sieht das Modell danach aus. Sieht man die Antriebsart im Modell extrem? Denn für mich ist es ein Unding, wenn man später den kompletten Antrieb am Modell sieht und dadurch das gesamte Erscheinungsbild vom Original zu Modell nicht mehr erkennbar ist. Für mich ist es immer sehr wichtig den Antrieb im Modell komplett zu verstecken. Aber manchmal gibt es halt doch nicht die Möglichkeit den Antrieb komplett im Modell unterzubringen. Das sieht man später bei den Anbaugeräten für meinen Bagger. Hier konnte ich nicht alles komplett verstecken. Aber als Modellbauer hat man dann die Möglichkeit am Modell diese Dinge zu kaschieren.

2.3.1 3D-Technik für den Mikromodellbau

3D-Drucker sind aus der Modellbauwelt kaum noch wegzudenken. In allen Bereichen werden heute Werkstücke für den Modellbau mit 3D-Druckern hergestellt. In der Industrie werden 3D-Drucker dagegen eher für die Entwicklung von Prototypen verwendet. Aber auch hier zeichnet sich die Zukunft für dieses Produktionsverfahren immer mehr ab. Beim 3D-Drucker unterscheidet man grundsätzlich zwei Verfahren. Ein Verfahren ist das „seleltive Laserschmelzen" oder auch als „Elektronenstrahlschmelzer" bekannt. Hier wird schichtweise Kunststoff oder auch Metalle dreidimensional aufgetragen und miteinander verschmolzen. Das zweite Verfahren „Stereolithografie" und das „Digital light Processing" für flüssiges Kunstharz. Hier wird durch Laser- bzw. UV-Lichteinstrahlung flüssiges Kunstharz an den Stellen gehärtet, die von der CAD-Datei angegeben werden. Mit diesem Verfahren kann man im Gegensatz zum auch weit verbreiteten FDM-Schmelzverfahren viel genauer arbeiten. Dafür ist dieses Verfahren zeit- und kostenaufwendiger.

Wer sich nicht extra einen 3D-Drucker zulegen möchte oder einfach auch nicht die Zeit dafür hat sich selber Werkstücke zu zeichnen, der kann sich auch schon fertige Produkte zum Beispiel bei Shapeways kaufen. Hier ein kleiner Überblick über Händler bei Shapeways, die Werkstücke für den Mikromodellbau anfertigen:

Händler	Produkte
Martins Shop	Kippantrieb, Drehkranz für Herpa Bagger, Kardangelenke
Mikromodellbau87	Allradlenkachse
Freeerider	Getriebegehäuse für Herpa Bagger und Herpa Planierraupe,
micromodels_1_87	Ketten für Kibri Seilbagger Liebherr, Anbaugeräte für Radlader, Lenkachse kugelgelagert
Models-in-H0	Tief - und Sieblöffel für Herpabagger
Svens ModellbahnShop	Ketten für Herpa Bagger, Kardangelenke, Ketten für Pistenbulli
HO-OH	verschiedene Anbaugeräte für H0 Baggers
ModellLab	Zubehör und Anbaugeräte
Ferngesteuerte H0 Modelle	Achsenkörper für Hinterachse, Lenkachse für PKW

Viel Technik steck in einen Seilbagger

▲ Eine Möglichkeit einen Allradantrieb in einem Radlader zu realisieren

◀ Mit einfachen Mittel kann man die benötigten Funktionen in einem Modell umsetzen

▶ Das richtige Platzmanagement ist das A und O im Mikromodellbau

Mit den entsprechenden Maschinen kann man sich alle benötigten Werkstücke für die Modelle selber anfertigen

Ein Allradantrieb bei einen LKW realisiert

Eine andere Möglichkeit für den Hubantrieb für einen Radlader

Mit zwei separaten Getrieben kann man auch einen Allradantrieb in einem Radlader umsetzen

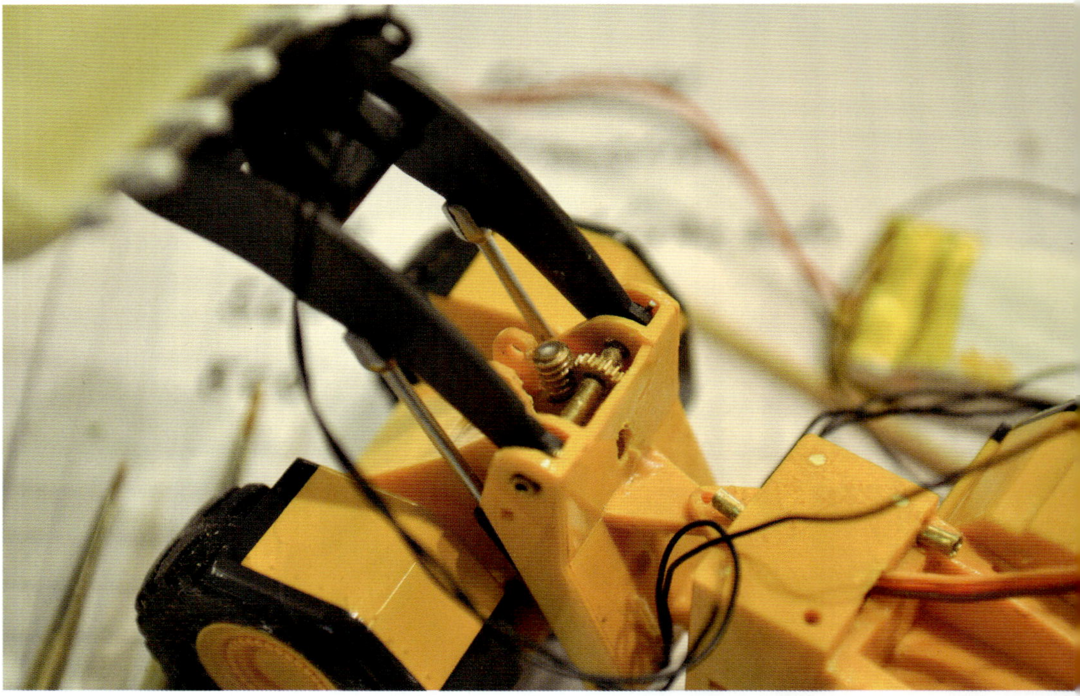

Ein einfacher Schnecken-Zahnrad-Antrieb um den Arm eines Radladers zu heben

Mit der Drehmaschine kann man sich zum Beispiel die Seiltrommeln auf Maß anfertigen

Mit dem schmalen Fahrtenregler kann man den Platz im Modell besser ausnutzen

Kapitel 3: Jetzt geht es los

3.1 Baggern wie vor 50 Jahren (Seilbagger Menck M154LC)

Wenn wir in der Geschichte zurückgehen, ist es noch nicht all zulange her, als noch die Seilbagger das Baustellenbild prägten. Die Firma Menck aus Hamburg war jahrzehntelang ein Pionier auf diesem Gebiet und hat den Markt geprägt. Leider kam das Aus für diese Firma im Jahr 1978 nach 110 Jahren. Obwohl die Firma in den neuen Markt der Hydraulikbagger eingestiegen war, war es zu spät, da sich andere Firmen wie Atlas Marktanteile gesichert haben. Der letzte Seilbagger von Menck war der M750. Dieser Seilbagger war der erste mit Hydraulikantrieb für die Seiltrommeln. Nach diesen Prinzip wurden die ersten Seilbagger von der Firma Liebherr gebaut, da diese die Konstruktionspläne von Menck aufgekauft haben, wie die letzten M750 Bagger, die dann bei Liebherr in die Typenbezeichnung 871 im Programm waren. Aber wir wollen hier den Menck M154 mit Gittermast von Kibri umbauen.

Unterwagen

Beginnen wir mit dem Unterwagen. Der Menck-Bagger soll ein Fahrwerk bekommen, das den meisten Baggerfans eher bekannt ist als das LC-Fahrwerk, das bei dem Bausatz beiliegt. Dafür gibt es von der Firma MZR einen Umbausatz auf das Fahrwerk der ersten Version von Menck. Mit diesem Bausatz, der aus geätzten Messingblechen besteht, kann man auch das Fahrwerk für einen Menck M152 nachbauen.

Als Erstes löst man alle Kettenglieder aus dem Ätzblech und säubert mit einer Nagelfeile die Kanten. Danach biegt man gemäß der Bauanleitung die Glieder. Entgegen der Baubeschreibung habe ich nach dem Löten, die Löcher für den 0,3-mm-Draht nicht mit einer Ahle aufgerieben, sondern mit einem 0,4-mm-Bohrer vom Lötzinn befreit. Dies hat den Vorteil, dass die Kettenglieder von Anfang an leichtgängig zusammengebaut sind. Man braucht ca. 8-10 Stunden, bis man die 58 Glieder zu zwei Ketten zusammengebaut hat.

Die Räder bestehen aus je fünf Teilen, die gemeinsam auf einer Kupferbuchse miteinander verlötet werden. Hier ist zu beachten, dass die Räder absolut rund laufen müssen, da ansonsten später der Menck nie richtig fahren würde.

Im Bausatz ist ein Rahmen für die Aufnahme der Räder dabei. Hier ist die Markierung zu beachten, da man dieses Fahrgestell auch für den M152 benutzen kann. Ich konnte damals leider nicht dieses Fahrwerk benutzen, da die erste Ausführung des Bausatzes zu lang war. Dies wurde aber nach meinem Wissen von MZR ausgebessert. Da ich aber ein Fahrwerk benötigte, wurde dies selber aus einem Messingwinkel hergestellt. Mit dem Kreuztisch an der Ständerbohrmaschine wurden fünf Löcher für die Aufnahme der Räder gebohrt. Um mehr Stabilität der Räder gewährleisten zu können, wurden Messing-Buchsen in die Löcher eingelötet und am Rahmen mit einem 2 mm Abstand zum Profil verschliffen. Diese 2 mm dienen später als Abstandshalter.

Als Nächstes wird der Unterwagen aufgebaut. Dazu werden die Originalteile des Kibri-Bausatzes verwendet. Da der alte M154 ein schmaleres Fahrwerk hatte, als die LC-Ausführung, wurden vom Kibri-Fahrwerk jeweils links und rechts vom Rahmen mit einer Trennscheibe ca. 3 mm abgeschnitten. Danach kann man die beiden Messingwinkel am Fahrgestell mit Sekundenkleber fixieren. Da das Fahrwerk vom originalen Menck oberhalb auf beiden Seiten des Drehkranz geschlossen ist, kann man von einem zweiten Kibri-Seilbagger das fehlende Teil aus dem Fahrwerk ausschneiden und am M154 anbringen. Nun werden alle Teile miteinander verschliffen und dann mit einer Airbrush-Pistole lackiert. Als erstes werden die sechs großen Mittelräder mit M1-Schrauben am Fahrgestell angeschraubt. Gegenüber dem Original sind die Zwischenräder um 1 mm größer als das Spann- und Antriebsrad. Der Grund dafür ist, dass der Bagger beim Fahren, wegen seines geringen Gewichts nicht zu Hüpfen anfängt. Da die Kegelzahnräder eine 1,5-mm-Bohrung aufweisen, wurde als Antriebsachse ein 1,5-mm-Rohr gewählt, das später zusätzlich verstärkt mit einem 1-mm-Stahldraht wurde. Das andere Kegelzahnrad wird auf den 1:700-Getriebemotor mit ein wenig Sekundenkleber angeklebt und im Rahmen mit einem 2-Komponentenkleber fixiert.

Nun kann man die Menck-Ketten aufziehen und schon mal mit dem Fahrgestell Probelaufen. Auch einer kleinen Spritztour auf dem Werktisch oder auf der Eisenbahn-Anlage steht nichts mehr im Wege.

Als letzter Arbeitsschritt am Unterwagen, soll der Drehkranz angefertigt werden. In ein 64er-Messingzahnrad mit Modul 0,3 von Lemo-Solar wird mit der Drehbank eine Vertiefung gedreht, in die dann die originale Bodenplatte des Kibri-Oberwagens passgenau eingesetzt wird. In den Oberwagen wird eine M6-Schraube aus dem Modellflugbereich eingeklebt, die vorher mit einer 4-mm-Bohrung in der Drehbank aufgebohrt wurde. In diesem Kanal sollen später die Versorgungsleitungen für den Antrieb eingezogen werden. Damit sich der Oberwagen leicht auf dem Drehkranz drehen kann, wurde noch ein Axiallager zwischen Ober- und Unterwagen eingefügt.

Aus diesem Bausatz werden später die Ketten und das Fahrwerk entstehen

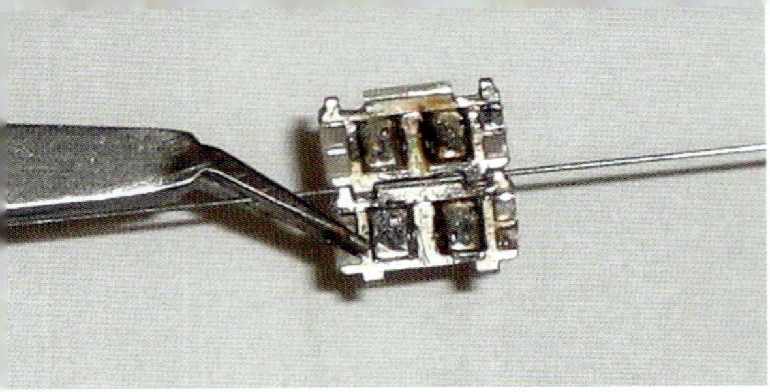

Stück für Stück werden die Kettenglieder zusammengebaut

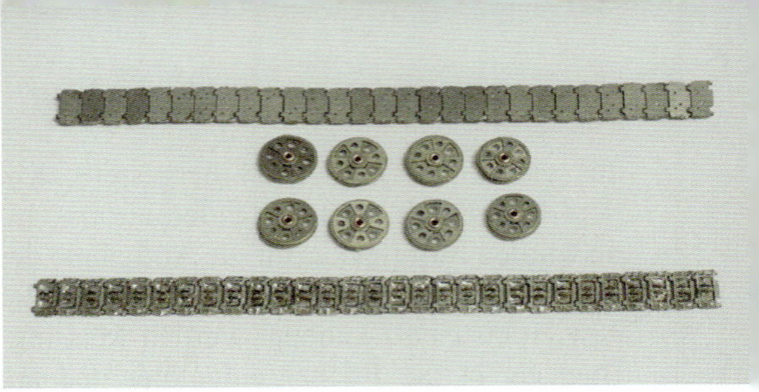

Der größte Teil des Fahrwerks ist geschafft

Aus vielen Einzelteilen wird das Fahrwerk aufgebaut

Früher wurde der Drehkranz noch aus einfachen Mittel gebaut. Aber sie halten auch nach zwölf Jahren noch den harten Einsatz aus

▲ Fahrwerk erhält seinen Antrieb

Eine kleine Stellprobe des Modells, ob das Fahrwerk auch von den Dimensionen her passt

Mechanik und der Oberwagen

Die Mechanik eines M154 ist im Vorbild sehr imposant. Durch die vordere Öffnung, sowie die Öffnungen der Seitentüren, kann man die Zahnräder und Zahnriemen des Windenwerks bewundern. Diese Atmosphäre wollte ich im Modell einfangen. Aus diesem Grund wurde die Mechanik der Seiltrommel in Eigenbau erstellt. Die beiden Trommeln für die Primär- und Sekundärseile wurden aus Messing gedreht und mit einer 1,5-mm-Bohrung versehen, in der später ein 1,5-mm-Messingrohr mit Loctite 648 fixiert wurde. An der Stirnseite der Trommeln, wurde dann ein 35er-Zahnrad mit Modul 0,2 befestigt. Die beiden Seiltrommeln werden gemeinsam auf einer 1-mm-Stahlwelle gelagert, die in das Windengehäuse mit 2 mm Abstand auf beiden Seiten eingebaut wurde. Das Windengehäuse wird aus den Originalteilen des Kibri-Bausatzes erstellt.

Um mit genügend Kraft mit einem Schürfkübel in Quarzsand zu baggern, aber auch eine realistische Arbeitsgeschwindigkeit des Originals zu erreichen, wurde beim Getriebe eine Gesamtübersetzung von ca. 1:45 gewählt. Die Zahnräder dafür entwendete ich aus zwei billigen Microservos, in denen auch die Motoren mit ihren 6 mm Durchmesser Verwendung fanden. Die beiden Doppelzahnräder 10/35 und 8/26 mit Modul 0,2 werden auf zwei separaten Stahlwellen gelagert. Die beiden Antriebsmotoren werden gegenübergestellt und mit einem Messingrohr miteinander verlötet. Diese Einheit wird auf der letzten Stahlwelle zwischen den beiden 8/26 Zahnräder eingebunden, damit das 9er Zahnrad am Motor in das erste Zahnrad eingreifen kann. Damit wäre das Herzstück des Mencks fertig und kann an seinen Platz am Oberwagen angeklebt werden. Alternativ dazu geht es natürlich auch einfacher mit einer Kombination aus Schnecke und Zahnrad, anstatt dieser Getriebestufen. Dazu wird einfach das erste 35er Zahnrad direkt mit einer Schnecke angetrieben, die direkt auf der Motorwelle sitzt. Wem diese Übersetzung zu schnell ist, kann statt des Motors auch ein Planetengetriebe 1:5 verwenden. Ich habe schon alle Varianten gebaut und getestet.

Vor dem Einkleben des Windenwerkes sollte man die Position erst ermitteln, da die Öffnung für Seile am Gehäuse eine Schräge aufweist. Als Nächstes wird das Drehgetriebe aufgebaut. In meinem ersten Menck habe ich ein Getriebe mit einer Übersetzung von 1:90 von Sol-Expert verwendet, wobei die Gesamtübersetzung zu klein war. Damit ich zielgenau den Oberwagen drehen konnte, wurde an dem Getriebe bei diesem Modell eine zusätzliche Übersetzung eingebaut. Dafür benötigt man ein 9er und ein 35er Messingzahnrad. Das 9er wird an der Antriebsachse der Sol-Expert Getriebe angelötet. Das 35er Zahnrad kommt separat auf eine Stahlwelle, die in einem Messingrohr am Getriebegehäuse angelötet wurde. An das Ende

Bei der ersten Version vom Menck M154 müssen noch ein paar Details am Kibrimodell ergänzt werden

Das zukünftige Drehgetriebe für den Oberwagen

der Stahlwelle kommt ein 9er Zahnrad mit Modul 0,3, das in den Drehkranz eingreifen sollte.

Damit wäre der Bagger komplett. Es fehlt noch das Hubgetriebe für den Ausleger, das über dem Drehwerk des Mencks seinen Platz findet. Das Hubwerk besteht aus einem Doppelschneckengetriebe. Dazu werden zwei Schnecken und zwei 19er-Messingzahnräder benötigt. Die Seiltrommel wird wieder aus Messing gedreht und mit einer 1-mm-Bohrung versehen. Der Rahmen für das Getriebe wird aus Messingprofilen aufgebaut. Damit wäre die letzte Funktion fertig und wir können mit dem Zusammenbau des Seilbaggers beginnen.

▸ Beim Bauen des Menck wurde auf jedes Detail geachtet

▾ Hier kann man die Mechanik für die beiden Seiltrommeln sehen. Diesen Aufbau von Getrieben habe ich bei den ersten Menck-Modellen verwendet. Später wird man noch die Mechanik mit einer anderen Lösung sehen

▾ Aus vielen Einzelteilen wurde die Mechanik für den Seilbagger zusammengebaut

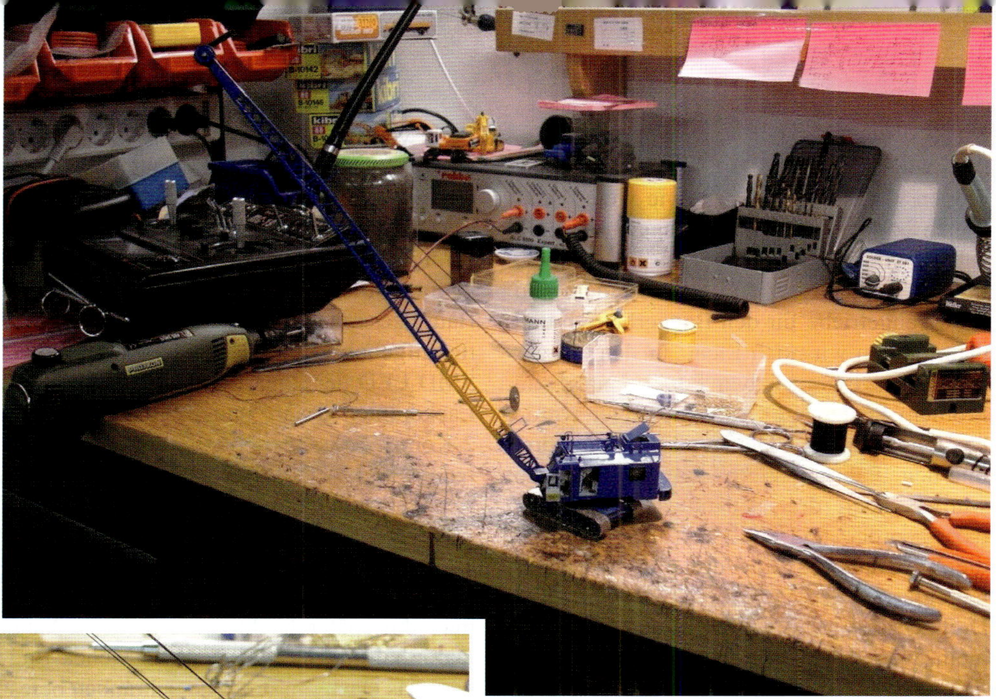

▲ Mit drei Mastmittelteile kann man den Menck M154 auch für den Kraneinsatz nutzen

◂ Fertig aufgebaut kann man das kleine Modell vom Original kaum unterscheiden

▾ Mit dem Stecksystem kann man die Länge des Auslegers verstellen

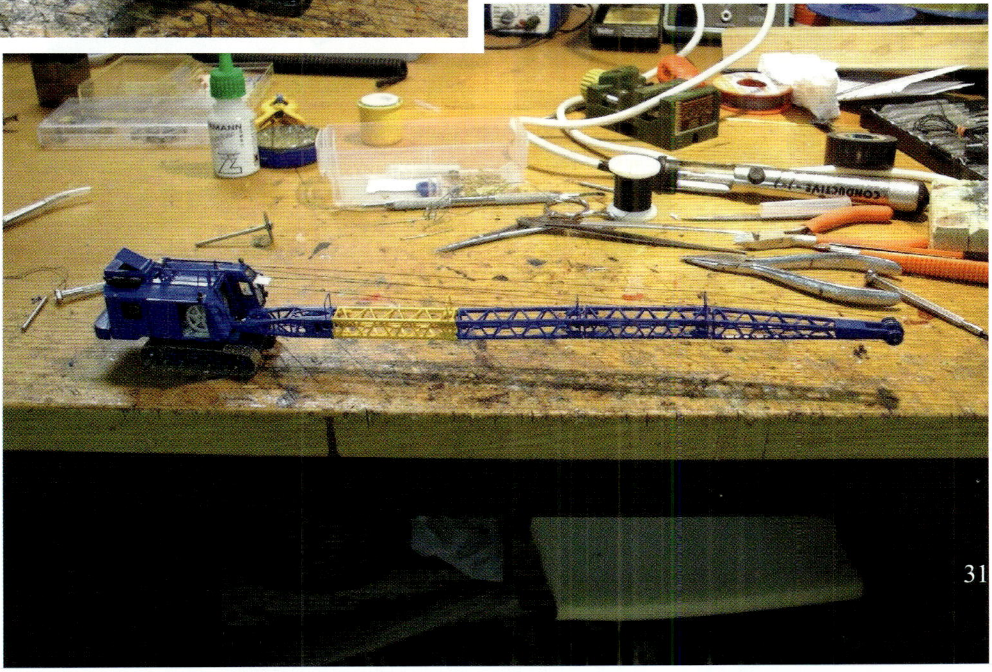

Das Finish des M154

Mit dem Kibri Bausatz kann man den M154 LC wunderbar bauen. Aber dieser Bausatz gibt nur die letzte Version Mitte der 70er Jahre wieder. Meine Version des Menck ist aus den 60ern. Dafür muss am Aufbau des Baggers ein kleines Gehäuse aus Plastik-Profilen im hinteren Teil angebracht werden. Das i-Tüpfelchen des Aufbaus, bildet die Lüftungsklappe, die man manuell für den Baggerbetrieb öffnen kann. Auf der Fahrerseite sind im Dachaufbau noch zwei Lüftungsöffnungen, wo beim Original die Ansaugrohre für den Dieselmotor sind. Diese werden aus 1,5-mm-Messingrohr eingeklebt und mit einer Drehscheibe schräg abgeschliffen. Als Nächstes werden die angedeuteten Haltegriffe vom Modell abgetrennt und durch 0,5-mm-Messingdraht ersetzt.

Aus zwei Bausätzen werden die Kabinen entnommen. Bei einer der beiden Kabinen wird die Decke ausgefräst, um dem Baggerführer mehr Platz zu gönnen. Damit der Baggerführer auch in seinen Bagger einsteigen kann, wird die Türe ausgeschnitten, die durch die vom zweiten Gehäuse passgenau ersetzt wurde. Dadurch ergibt sich die Möglichkeit im Sommer während des Baggerns die Tür offenzulassen und für den Transport oder das Abstellen des Mencks zu verschließen. Dafür werden zwei kleine 1-mm-Rohre mit Sekundenkleber an die Tür angeklebt, bei denen später ein 0,5-mm-Messingdraht als Scharnier dient.

Da sich am oberen Ende des Auslegers Messingrollen befinden und der Schürfkübel auch aus Metall ist, benötigt man ein schweres Gegengewicht. Bei meinen Mencks habe ich die Rückplatte des Gegengewichts aus dem Bausatz mit Bleiplatten aufgestockt. Diese werden vorsichtig an die Form des Oberwagen-Hinterteils angepasst. Somit kann der Bagger, auch mit zwei Auslegermittelstücken, betriebssicher arbeiten, ohne umzufallen.

Was noch fehlt ist die Umlenkvorrichtung für den Ausleger auf dem Dach. Dazu wurden die benötigten Teile aus dem Bausatz verwendet. Die Original-Seilrolle wird gegen eine selbstgedrehte Rolle ausgetauscht.

Ausleger

Der Ausleger ist das Wichtigste am Seilbagger. Da ich sehr viel Wert auf Details lege, aber auch andererseits dem Spielspaß keine Grenzen gesetzt sein sollten, wurde der Originalausleger aus dem Bausatz von Grund auf neu aufgebaut.

Der Gittermast wurde in seine drei Teile gesägt und von einem zweiten Bausatz nur das Mittelteil verwendet. Danach wurden auf einer Seite die Stifte mit Sekundenkleber fixiert und auf der anderen Seite Buchsen aus IC-Sockeln angeklebt.

Dadurch kann man den Ausleger später teilen und zum Transport originalgetreu auf einen Tieflader verladen. Am Ende des unteren Teils und den Mittelstücken werden aus Draht die Stutzbügel angeklebt.

Für die Seilführung werden zwei 7-mm- und vier 9-mm-Seilrollen aus Messing gedreht. Die Bohrung bei den großen Rollen soll 3 mm sein, damit man später kleine Kugellager mit Buchsenkleber einsetzen kann. Der Vorteil dabei ist, dass die Seilrollen sehr leicht drehen und es für den Betrachter ein Genuss ist, den Menck in voller Aktion zu beobachten.

Da ich keinen Teilapparat habe, wurden die Original-Seilrolle aus dem Bausatz als Vorlage auf der Messingrolle festgeschraubt und die vier Löcher nachgebohrt.

Nun werden die Seilrollen mit den Kugellagern in den Masten eingebaut. Da im unteren Auslegerteil keine Möglichkeit ist, die Rollen zu lagern, werden diese aus Kunststoffplatten oder Messingblech hergestellt. Die anderen vier Rollen wurden bei mir nach dem Vorbild des M152 Ausleger auf einer

Mit dem Schürfkübel kann man auch LKWs beladen

Achse angebracht. Nur für die beiden großen Seilrollen sollte die Auslegerspitze ein bisschen ausgefeilt werden. Als letzten Arbeitsschritt für den Ausleger stehen nur noch die Lackierarbeiten an.

Die erste Variante meiner Schürfkübel wurde noch selbst aus Messing gebaut

Dieser grobe Sand macht dem Fahrwerk beim Fahren kaum was aus

▲ Heute kaum noch anzutreffen, aber vor 30 Jahren wurden die Seilbagger noch sehr oft benutzt

Bei der zweiten Version des Menck M154 wurde auch das Fahrwerk komplett geändert

Die neue Variante des Schürfkübels. Komplett aus Edelstahl

Schürfkübel

Für meinen Menck M154 habe ich mir einen Schürfkübel als Ausrüstung ausgesucht, da diese sehr oft an Kiesseen bei der Kiesgewinnung anzutreffen sind. Zudem kann man mit dem Schürfkübel auch schweren Quarzsand baggern, bei dem ein Schalengreifer im diesem Maßstab seine Probleme hat.

Dazu werden aus einem 0,2-mm-Messingblech zwei Seitenteile, ein Boden und ein Bügel ausgeschnitten. Als Vorlage kann man sich am Schürfkübel des Kibribausatzes orientieren. Ich habe meinen Schürfkübel etwas größer gewählt, damit ich auch einen größeren Kipper beladen kann. Die Seitenteile werden mit Lötfett an der Kante eingefettet und mit der Bodenplatte verlötet wurde. Aus Messingblechresten bekommt die Schaufel noch ein paar Zähne spendiert. Mit einem 1-mm-Bohrer werden zwei Reihen Löcher in die Seite und im hinteren Teil gebohrt.

Eine kleine Seilrolle wird aus Messing gedreht, damit das Abkippseil leichter läuft. Aus einem Messingstreifen wird die Halterung für die Seilrolle gebogen. Dieser Bügel mit Rolle wird an einem Draht angelötet, bei dem beide Enden eine Öse aufweisen. Schürfkübel und Kippseilrolle werden mit einer Messingkette verbunden, die es für den Schiffsmodellbau zu kaufen gibt. Am vorderen Teil der Kübels wurde eine Zugkette angelötet, die dann mit einem Faden über die Seilrolle mit dem Bügel verbunden wurde. Somit ist die Kippfunktion fertig. Um ein leichtes Abkippen zu ermöglichen, wurde in die Halterungskette noch eine Querstrebe eingelötet.

Seilführung

Herzstück des ganzen Baggers ist die Seilführung. Ich habe bei meinem ersten Menck viel mit verschiedenen Arten von Fäden experimentiert. Am besten war einfaches Nähgarn aus dem Nähkästchen meiner Frau. Die anderen waren zu dick oder legten sich nicht sauber um die Rollen.

Für das Heben des Auslegers werden zwei Fäden an der Seilrolle befestigt und durch das Dach gezogen. Beide Fäden wurden um die kleinen Seilrollen vom Ausleger umgelenkt. Da es unter Umständen vorkommen kann, dass beide Seile ungleichmäßig aufgerollt werden, habe ich beide Enden an der Halterung der Seilrolle auf dem Dach miteinander verknotet. Somit kann hier der Ausgleich ohne Probleme erfolgen.

Als Nächstes habe ich die Seile auf den beiden Haupttrommeln befestigt. Um später leichter die Arbeitsgeräte zu wechseln, habe ich am anderen Ende der beiden Seile kleine Haken aus Messing befestigt.

Das erste Seil wurde durch die Stutzbügel am Ausleger gezogen, über die Seilrolle umgelenkt und an der Schürfschaufel eingehängt. Das Zugseil wurde zuerst an der oberen Seilrolle, dann an der unteren Seilrolle umgelenkt, damit man es an der Zugkette des Kübels einhängen kann.

Das Prinzip des Baggerbetriebs mit Schürfschaufel ist leicht erklärt, fordert aber ein bisschen Übung und Geschicklichkeit. Am besten ist es, wenn man mal an einem Tag zu einem Baggersee fährt, wo ein solcher Seilbagger mit dem Schürfkübel den Kies ausbaggert. Auf diversen Webseiten wird dieses Prinzip ausgiebig erklärt.

Schlusswort

Den Menck-Bagger von Kibri habe ich schon sehr oft umgebaut und dabei immer wieder neue Ideen getestet. Auch von den Anbaugeräten her ist der Menck vielfältig. Neben dem klassischen Schürfkübel, habe ich noch Zweischalengreifer, Kranhaken und eine Hochlöffeleinrichtung gebaut. Als Fahrwerk kann man auch ein Fahrwerk des Herpa-Baggers verwenden, was es im Original auch schon gegeben hat. Selbst das Fahrwerk von Kibri habe ich schon zweimal mit geätzten Metallketten aufgebaut. Für mich ist ein Menck-Seilbagger eines der schönsten Baufahrzeuge aus vergangener Zeit.

Hier eine andere Möglichkeit, wie man die Funktionen der beiden Seiltrommeln umsetzen kann

Eine Menge Technik benötigt so ein Seilbagger für den RC-Betrieb

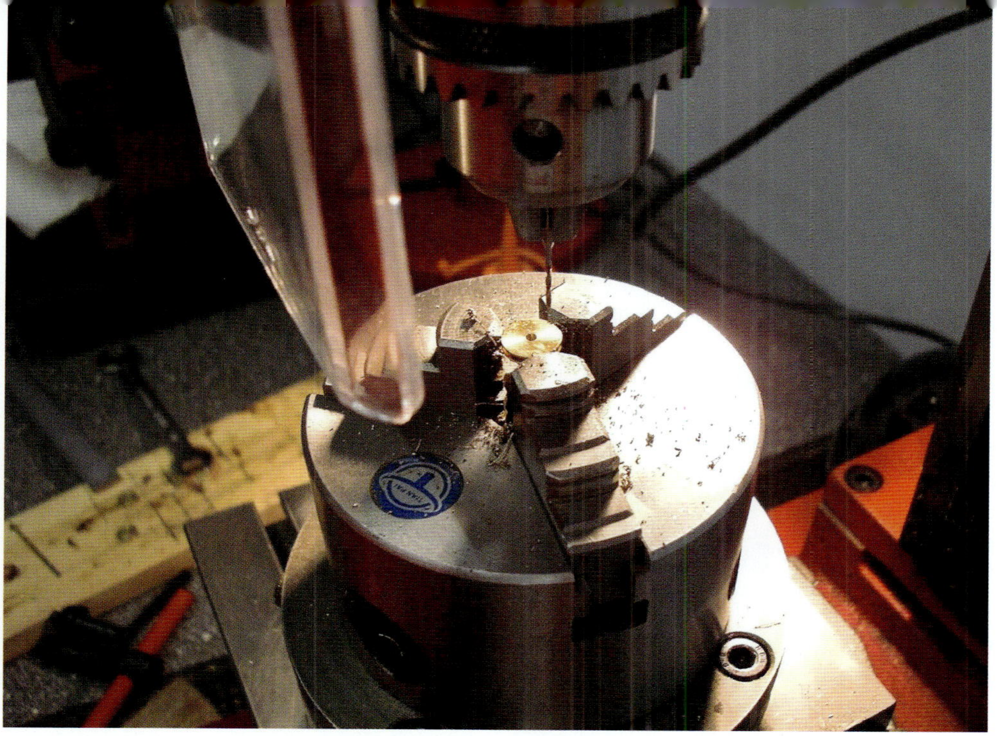

Mit einem Teileapparat kann man die Löcher für die Seiltrommel exakt bohren

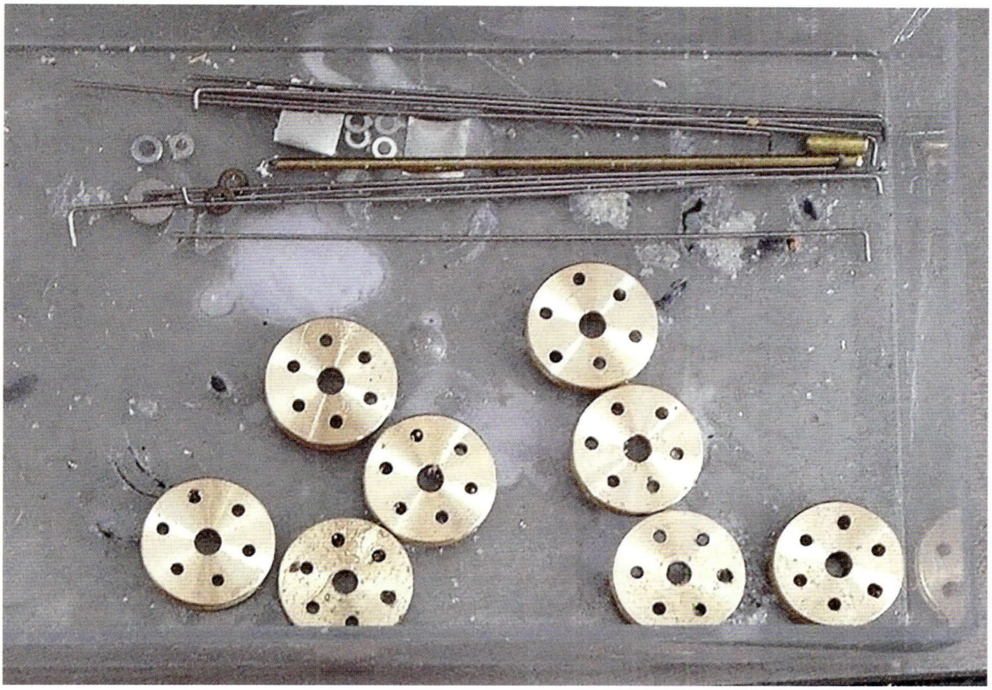

Fertige Seilrollen für den Ausleger

Es macht immer wieder Spaß mit einem Seilbagger zu arbeiten.

Um das Erscheinungsbild seines Modells aufzuwerten, kann man einfach kleine Details anbringen

Menck-Bagger im Einsatz

Die hohe Kunst des Baggerns – mit einem Schürfkübel

Kaum zu glauben, aber es ist schon ein Kraftakt den Kübel durch den Sand zu ziehen

◂ Mit einem Laser wurde der Menck-Schriftzug in den Edelstahl gebrannt

3.2 Baggern in der Gegenwart (Komatsu PC490 Raupenbagger mit Sound)

Im Maßstab 1:14,5 habe ich von der Firma Fumotec einen hydraulischen Kettenbagger Komatsu PC490 LC10 gebaut, der über 13 Hauptfunktionen verfügt. Nun wollte ich diesen schönen Bagger auch in 1:87 nachbauen. Gegensatz zum großen Bruder hat dieser kleine Bagger nur 9 Funktionen. Eine dieser Funktionen ist ein Soundmodul.

Als Basismodell diente der Liebherr 954 von Herpa. Beide Bagger haben fast dieselben Abmessungen, somit konnte ich das Fahrwerk und die Bodenplatte verwenden. Der Rest, wie der Aufbau des Oberwagens und des Auslegers, musste zum Komatsu angepasst werden.

Fahrwerk

Wie schon bei den anderen Baggern ist die erste Komponente, die umgebaut wird, das Fahrwerk. Denn der Komatsu Bagger soll in den ersten Stunden schon auf seinen eigenen Beinen stehen. Zudem ist es für die späteren Arbeitsschritte einfacher, wenn der Bagger einen festen Stand hat.

Für den Fahrbetrieb werden die Antriebseinheiten selbst angefertigt. Das Getriebe findet seinen Platz in einem Messinggehäuse, das aus einem Messingvierkant 7×7×19 mm besteht. Als Antrieb dienen zwei Mikroplanetengetriebe mit einer Übersetzung von 1:699 von der Firma Sol-Expert, die die Kraft mittels Kegelzahnrädern im Modul 0,2 auf die originalen Antriebsräder übergeben sollen. Dafür wird in das Vierkant zuerst in der Drehbank ein 1,5-mm.Loch gebohrt und danach mit einem 6-mm-Fräser das Loch 18,5 mm aufgefräst. Am Ende der Gehäuse sollte eine Wandstärke von 0,5 mm mit der 1,5-mm-Bohrung verbleiben, da dies später als Gegenlager von der Antriebswelle dient.

Nun kommt von horizontal eine 4-mm-Bohrung für die Achse des Antriebsrads in den Getriebeblock. Der Abstand zur Kante des Getriebeblocks beträgt 2,5 mm. Die Antriebswelle für das Kettenrad ist 1,5-mm-Messingrundmaterial. Ich habe diesen Durchmesser gewählt, da die Bohrungen der Kegelzahnräder auch genau 1,5 mm betragen. Um eine Führung im Getriebeblock und im Fahrwerk zu gewährleisten, wird noch eine Messingbuchse 4×3,5 mm auf einer Seite vom Getriebeblock angelötet. Danach kann der Zusammenbau der Getriebeeinheiten erfolgen. Noch ein kleiner Tipp: Um für eine dauerhafte Verbindung des Kegelzahnrads mit der Antriebswelle der Planetengetriebe zu gewährleisten, wurden die Zahnräder zuerst mit Sekundenkleber auf der Welle fixiert und danach mit einem 0,5-mm-Draht verstiftet. Für den Einbau der Getriebe müssen ein paar Fräsarbeiten am Fahrwerk vorgenommen werden. Dies kann man bequem mit einem Feinbohrschleifer und einem Zylinderfräser ausführen. Danach werden die Getriebe am Fahrwerk festgeklebt. Dafür eignet sich hervorragend der Klebstoff Stabilit Express von Pattex.

Die Antriebsräder werden mit Sekundenkleber auf der Messingwelle fixiert und zusätzlich wieder mit einem 0,5-mm-Draht verstiftet. Dabei ist zu beachten, dass die Räder im Probebetrieb leichtgängig laufen. Damit die Gummiketten immer gut gespannt sind – was sehr wichtig im Gelände ist – fehlt noch ein Kettenspanner. In meiner mehrjährigen Erfahrung hat sich ein simples Prinzip bewährt. Als Druckfeder verwende ich eine aus einem alten Feuerzeug. Von dieser Feder werden zwei 4 mm lange Stücke herausgezwickt. Wo im Fahrwerk das Spannrad sitzt, wird in 3-mm-Loch gebohrt. In diese Bohrung kommt dann die Feder und das Spannrad wird wieder eingesetzt. Kette rauf und dann steht ein paar Probefahrten nichts mehr im Wege.

Alternativ zu den Getriebeblöcken aus Messing kann man auch fertige Getriebeschalen als 3D-Druckteile verwenden. Ein Modellbaukollege biete diese bei Shapeways an. Diese Getriebeblöcke habe ich in dem Komatsu einmal ausprobiert. Die Montage läuft sehr leicht von der Hand. Als erstes werden auf den Planetengetriebe die Kegelzahnräder angebracht und wieder verstiftet. Danach den Rest von der Antriebsachse hinter dem Kegelzahnrad abtrennen. Dies funktioniert mit einem Bastelmesser am bestens. Die Antriebswellen werden dann aus 1,5-mm-Messing Rundmaterial auf Länge geschnitten. Bitte darauf achten, dass die Wellen jetzt mit zwei Kugellager in dem Getriebe gelagert werden. Vor dem Einbau der Antriebswelle wird noch das zweite Kegelzahnrad angelötet. Danach werden alle Komponenten zusammengebaut und können dann analog zum Messingblock in das Fahrwerk eingebaut werden. Ein weiterer Vorteil dieser neuen Getriebeblöcke ist, dass sie aus zwei Hälften bestehen, die miteinander verschraubt werden. Beim Einbau ins Fahrwerkhabe ich darauf geachtet, dass nur die obere Hälfte mit dem Fahrwerk verklebt wurde. Dadurch kommt man im Störungsfall leichter an das Getriebe ran.

Die nächste Baugruppe am Fahrwerk ist der Drehkranz. Dafür wurde ein 64er Messingzahnrad mit Modul 0,3 von Lemo benötigt. Bei meinem großen Komatsu Bagger von Fumotec wird der Oberwagen mit dem Unterwagen am Drehkranz über zwei Kugellager mit einem Vorspann miteinander verbunden. Dadurch wird das Spiel, was zum Beispiel beim Axiallager besteht mit dieser Technik fast auf null reduziert. Dazu werden bei dem kleinen Komatsu zwei Kugellager mit Bund mit den Abmessungen 8×5×2,5 mm benötigt. Im großen Messingzahnrad wird die Bohrung in der Drehmaschine auf 8 mm aufgebohrt. Danach wird auf beiden Seiten des Zahnrads jeweils ein 0,5 mm tiefes Sackloch mit einem 9 mm Fräser eingebracht. Somit sind dann die beiden eingesetzten Kugellager bündig mit der Zahnrad-Oberfläche. Der Haltebolzen für den Drehkranz wird aus einem 6 mm Rundmessing angefertigt. Dazu wird der Bolzen

In vielen kleinen Schritten wurde aus Kunststoffplatten der Oberwagen des Komatsu PC490 nachgebaut

von 6 mm auf 5 mm abgedreht, sodass aber an einem Ende noch ein 6×1 mm dicker Kopf übrig bleibt. Als Letztes bekommt der Bolzen noch eine 4 mm Bohrung, in der später die Anschlussleitungen für die Antriebmotoren verlegt werden. Eine andere Lösung für die elektrische Verbindung zwischen Ober- und Unterwagen mit der Möglichkeit des endlosen Drehens gibt es für die kleinen Modelle leider noch nicht. Theoretisch könnte man einen vierpoligen Klinkenstecker mit Buchse verwenden, aber wegen der Baugröße eher unschön für das spätere Erscheinungsbild des Baggers. Als nächstes wird die Verbindungsplatte für den Oberwagen hergestellt. Dazu habe ich mir aus einem 14-mm-Rundmessing eine 1 mm dicke Platte herausgedreht, die in der Mitte eine 5-mm-Bohrung für den Bolzen beinhaltet. Damit der Oberwagen später auch einen besseren Halt auf dieser Platte findet, wurden zusätzlich vier Bohrungen gebohrt, in die die vier Haltebolzen des Herpa-Oberwagens hineinpassen. Zuletzt muss der Drehkranz noch zusammengebaut werden. Dazu wird der Haltebolzen mit der Oberwagenplatte fest verlötet.

Kleine Planetengetriebe von Faulhaber mit einen Durchmesser von 6 mm

Aus Kunststoffprofilen und Messingdraht werden die hydraulischen Leitungen nachgebaut

Es wurde darauf geachtet, dass alle Decals am Modell vorhanden sind

Bei einem selbst gebauten Modell muss man leider die Decals selbst anfertigen

Der Drehkranz für ein Baggermodell im Maßstab 1:87

Der komplette Drehkranz im Modell eingebaut

Auch die Heckpartie ist eine Augenweide

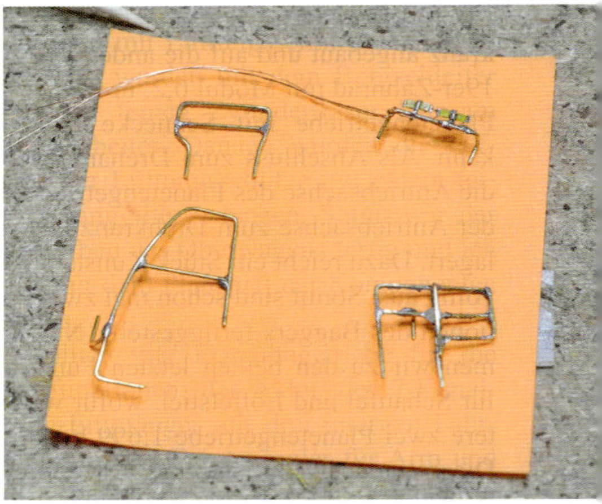

Aus Messingdraht wurden die Geländer für den PC490 angefertigt

Mit der Isolierung von kleinen Kabeln kann man sehr gut Hydraulikschläuche nachahmen

▲ Mit kleinen Tricks kann man kleine Details sehr gut nachbauen

◂ Aus Messing wurden kleine Seiltrommeln angefertigt

▾ Hier wird die Position der Getriebemotoren ermittelt

Ausleger

Am Ausleger selbst sind ein paar Umbaumaßnahmen für den Betrieb als Funktionsmodell erforderlich. Im Gegensatz zum restlichen Bagger sind diese Arbeiten aber eher überschaubar. Zukünftig wir der Baggerausleger in die Halterung am Oberwagen mit einer 1-mm-Stahlachse gelagert. In der Mitte der Achse wird das 35er-Zahnrad mit Kupferbuchsen in Position gehalten. Damit der Ausleger vom Antrieb gehoben wird, wird zusätzlich er mit einem 0,5-Stahlstift mit dem 35er Zahnrad verbunden. Somit ist die zweite Baggerfunktion realisiert.

Bevor es mit dem restlichen Einbinden der Baggerfunktionen weitergeht, wurde der Löffelstiel noch angepasst. Dazu habe ich mir von der Firma Marcus Langer Modellbau einen neuen Löffelstiel lang für den Herpa Liebherr 954 besorgt. Diese wurde zuerst minimal etwas zugeschliffen, bis dieser von optisch sehr nahe am Komatsu war. Um später auch das Zugseil für den Löffel im Stiel besser zu verlegen wurde auf der Unterseite mit einer Diamant-Trennscheibe ein 1 mm breiter Schlitz eingeschnitten. Beim Befestigungsauge des Stiels am Monoblock sollte der Schlitz tief genug sein, damit sich das Seil später ungehindert bewegen kann.

Kommen wir zur Anlenkung für den Löffelstiel und den Löffel. Beide Funktionen werden mit einer Seiltechnik angesteuert. Der Löffelstiel wird mit der sogenannten „Zweiseiltechnik“ angesteuert, wie zum Beispiel das Seitenruder eines Flugzeugs. Dabei wird bei der Bewegung vom Löffelstiel immer ein Seil unter Zug gesetzt und das zweite Seil gibt nach. Mit dieser Technik ist der kleine Bagger in der Lage, auch mit dem Löffelstiel den Sand vom Bagger wegzuschieben und die Anlenkung ist spielfrei, da beide Seile immer unter Spannung stehen. Nachteil dieser Technik ist, dass man darauf achten muss, dass beide Seile immer denselben Weg haben, sprich beide Seile sollten auch dieselben Drehpunkte verwenden. Bei unserem Bagger ist das recht simpel. Erster gemeinsamer Drehpunkte ist die 90-Grad-Umlenkung im Bagger vom Antrieb zum Ausleger. Dafür habe ich mir aus Messing ein Gerüst aufgebaut, das am A-Block im Oberwagen angebracht ist. Der nächste Drehpunkt ist die Lagerung des Monoblock-Auslegers am Oberwagen. Dazu führe ich die Seile jeweils einzeln auf beiden Seiten vom Zahnrad vorbei. Als dritter Drehpunkt wurde die Halterung des Zylinders des Monoblocks verwendet, um dem Knick vom Ausleger zu folgen. Der letzte Drehpunkt ist die Lagerung des Löffelstiels am Monoblock. Dafür habe ich ein 1,5-mm-Messingrohr verwendet, das mit einer 1-mm-Messingschraube gegen Durchrutschen gesichert ist. Hier muss man darauf achten, dass ein Seil über die Achse geführt wird und das zweite Seil von unten eingezogen wird. Was noch fehlt sind die beiden Haltebolzen für die Befestigung der beiden Seile. Hier ist es wichtig, dass beide Bolzen denselben Abstand zum Drehpunkt haben und auf einer Linie liegen. Als Abstand haben sich in der Vergangenheit 5 mm bewährt. Wenn man beim Anbringen der Seile am Getriebe darauf geachtet hat, dass immer nur ein Seil aufgewickelt wird und das andere abgewickelt, ist die dritte Funktion des Baggers fertig.

Die letzte Funktion, der Löffel selbst, ist recht simpel aufgebaut. Mit einem Seil wird der Löffel geschlossen. Dieses Seil wird, wie die beiden anderen Seile, mit denselben Drehpunkten im Bagger verlegt wie beim Löffelstiel. Der letzte Drehpunkt vom Zugseil ist die Lagerung vom Löffel selbst. Damit sich der Löffel auch wieder öffnet, wurde im Löffelzylinder Gummifäden aus dem Nähbedarf eingezogen. Dazu wurde die originale Kolbenstange gegen ein Messingrohr ersetzt, bei dem an einem Ende ein weiteres Messingrohr im 90-Grad-Winkel für die Lagerung der Gelenkmimik vom Löffel angelötet wurde. Nach dem Löten sollte man die

Kolbenstange wieder aufbohren. In die Kolbenstange werden sechs Gummifäden eingezogen, die an der Halterung für den Löffel fixiert werden. Als nächstes bohrt man auf der Rückseite des Hydraulikzylinders ein Loch, durch das die Gummifäden der Kolbenstange durchgezogen werden. Danach bringt man die Gummifäden noch auf Zug, sodass beim Herausziehen der Kolbenstange diese wieder hineingezogen wird. Wenn die gewünschte Spannung der Gummifäden ermittelt ist, werden diese am Hydraulikzylinder fixiert.

Zwischen den Getriebemotoren wird der kleine Zimo-Lautsprecher eingebaut

Nach und nach werden weitere Komponenten in das Modell eingebaut

Ganz schön kompakt ist das Innenleben des Komatsu PC490

Die neuen 3D-Druck-Ketten machen einen sehr guten Eindruck

Elektronik

Wenn man sich nun den Bagger so ansieht, wird man schnell feststellen, dass eigentlich nicht mehr viel Platz im Oberwagen ist. Aber es sollen ja noch der Akku, der Empfänger, die Fahrtenregler und das Soundmodul eingebaut werden. Zudem sollen auch noch eine Ladebuchse und ein Schalter ihren Platz finden. Es passt alles rein – ist nur eine Frage der Aufteilung.

Die Ladebuche habe ich auf der Beifahrerseite vor dem Drehgetriebe angebracht. Der Schalter wurde neben dem Antriebsmotor vom Drehgetriebe eingebaut. Für beiden Bauteile wurden mit einem kleinen Fräser die dazu benötigten Öffnungen schnell hergestellt. Bevor es dann richtig ins Eingemachte geht, bauen wir die Fahrtenregler für die beiden Kettenantriebe ins Fahrwerk ein. Als Fahrtenregler allgemein verwende ich die Motortinys2. Sie sind sehr klein, bieten drei unterschiedliche Frequenzen für die Motoransteuerung an und haben auch Brems- und Rückfahrlicht – die allerdings in einem Bagger eher keine Verwendung finden. Diese Motortinys2 haben einen Enableport. Wenn dieser gegen Masse geschaltet wird, schaltet er die Endstufe er Motoransteuerung ab. Somit kann man bequem mit einem Schaltkanal zwischen den beiden Armfunktionen vom Bagger zum Fahrbetrieb umschalten. Die beiden Fahrtenregler werden mit den Motoren verbunden, Plus und Minus von beiden Fahrtenregler verbunden sowie die beiden Enableports. Was noch fehlt sind die beiden Signalleitungen. Somit werden insgesamt fünf Kabel vom Unterwagen über den Drehkranz in den Oberwagen verlegt.

Als Nächstes wird das Soundmodul eingebaut. Dieses wird oberhalb des Resonanzkörpers vom Lautsprecher mit doppelseitigem Klebeband fixiert. Das Soundmodul wurde von Benedini vorprogrammiert. Neben den Soundfunktionen wurden auch noch vier Schaltkanäle mit programmiert. Ein Kanal ist für die vordere und ein weiterer Kanal für die hintere Beleuchtung am Bagger gedacht. Der dritte Schaltkanal bedient die Rundumlichter. Dieser Kanal schaltet einen Mikroprozessor, der die jeweils drei LEDs pro Rundumleuchte ansteuert. Somit hat der Betrachter das Gefühl, dass es sich wirklich um Rundumleuchten handelt und nicht um ein Blitzlicht. Der letzte Kanal wird für das Umschalten zwischen Baggerfunktionen und Fahrwerk verwendet. Die beiden Kanäle sind in der Ausgangsposition schon auf Masse geschaltet. Damit beim Schalten nicht gleich das Licht angeschaltet wird, werden an beide Kanäle zwei NPN-Transistoren mit einem 680-Ohm-Widerstand an den Anschlüssen A1 und A2 angelötet. Zur weiteren Verkabelung der beiden Transistoren kommen wir später.

Als Nächstes werden die beiden Signalleitungen, wie auch der Lautsprecher und die Stromversorgung an den entsprechenden Lötpunkten am Soundmodul angelötet. Damit das Soundmodul auch Platz im Bagger hat, wurde es gekürzt. Dazu gibt es in der Bedienungsanleitung eine genaue Beschreibung. Jetzt wird die 180-mAh-Lipo-Zelle mit doppelseitigem Klebeband über den Antriebsmotoren relative weit nach hinten gesetzt angebracht. Somit bleibt rechts vom Akku noch Platz für die Licht- und Stromverteilung. Die restlichen zwei Motortinys werden unterhalb vom Akku in den Zwischenräumen der Antriebsmotoren untergebracht. Bitte nicht vergessen, die beiden Fahrtenregler für Monoblockausleger und Löffelstiel sollten auch am Enableport ein Anschlusskabel haben. Der Empfänger von Deltang mit den drei internen Fahrtenreglern findet seinen Platz auf dem Akku und sollte unterhalb der Motorabdeckung liegen, wo auch die Erhöhung ist.

Jetzt geht es mit dem Verkabeln weiter. Es werden alle Stromanschlüsse miteinander verbunden. Bitte hier auf Polarität achten, da man ansonsten noch einen unfreiwilligen

Raucheffekt im Modell hat. Alle Signalleitungen werden mit den Kanälen vom Empfänger verbunden, sowie die Funktionen Schaufel und Stiel an die ersten beiden internen Fahrtenregler des Empfängers angelötet. Die beiden Armfunktionen und Fahrfunktionen werden immer zusammen mit der jeweiligen Knüppelbelegung auf demselben Kanal am Empfänger angelötet. Der Minuspol des Akkus wird mit der Ladebuchse und dem gemeinsamen Minuspol verbunden. Der Pluspol wird als erstes am mittleren Pol des Schalters angelötet. Danach wird einer der beiden Pole vom Schalter mit der Ladebuchse und mit dem gemeinsamen Pluspol der Verbraucher miteinander verbunden.

Was noch übrig bleibt ist das Licht und die Umschaltfunktion. Das Enablekabel vom Unterwagen wird direkt vor dem 680-Ohm-Widerstand am Soundmodul angelötet. Die beiden Enablekabel der beiden Armfunktionen werden dazu am Emitter des Transistors angelötet. Somit ist später beim Einschalten des Modells das Fahrwerk abgeschaltet. Damit man eine Kontrolle hat, ob das Fahrwerk oder die Armfunktionen im Betrieb sind, habe ich im Führerhaus eine kleine rote LED eingebaut, die beim Umschalten auf das Fahrwerk Rot leuchtet. Als LED wurde eine SMD LED 0402 mit einem 15-Kiloohm-Widerstand an das Enablekabel der beiden Armfunktionen parallel geschaltet. Wer sich nicht traut diese kleinen LEDs zu löten – es gibt Abhilfe. Diverse Händler bieten diese LEDs schon fertig mit Kupferlitzen verlötet an.

Als Nächstes steht die Beleuchtung des Baggers auf der Liste. Der Komatsu PC490 hat insgesamt zehn Arbeitsscheinwerfern. Zwei am Ausleger, die ich mit zwei Scheinwerfern aus der Bastelkiste gebaut habe. Dazu wurden die Scheinwerfer mit einen 0,8-mm-Bohrer leicht aufgebohrt, aber nicht durchgebohrt. Danach wurde jeweils eine LED 0402 eingesetzt und die Kupferlitzen durch ein 0,5-mm-Loch nach außen geführt. Damit der Scheinwerfer wieder eine Verglasung bekommt, verschloss ich die Scheinwerfer mit einem 2-Komponentenkleber.

Weiter besitzt der Bagger jeweils einen Arbeitsscheinwerfer auf beiden Seiten unterhalb des Oberwagens. Dazu wurden SMD LEDs 0603 verwendet. Zudem finden sich vier Scheinwerfer auf einem Bügel oberhalb der Kabine. Dazu habe ich zuerst den Bügel aus 0,5-mm-Messingdraht angefertigt. Dieser Bügel wird später der gemeinsame Pluspol aller vier LEDs sein. Danach wurde mit viel Geduld vier 0402 LEDs auf dem Bügel angelötet. Als Nächstes wurde der gemeinsame Minuspol mit einem Kupferlackdraht an die LEDs angelötet. Um den LEDs noch ein bisschen die Form eines Arbeitsscheinwerfer zu geben, wurde die Rückseite mit flüssigen Kunststoff aufgefüttert und mit einer Nadelfeine nachgearbeitet. Die letzten beiden Arbeitsscheinwerfer sind auf dem Gegengewicht des Baggers. Dazu hat auch hier die Bastelkiste zwei Scheinwerfer gespendet, die dann im selben Verfahren wie die Arbeitsscheinwerfer am Monoblock mit LEDs versehen wurden. Alle LEDs werden paarweise mit einem 380-Ohm-Widerstand an dem Emitter des jeweiligen freien Transistors angeschlossen.

Abschluss dieses Kapitel bildet nur noch die Einstellarbeit an der Fernsteuerung. Für die Ansteuerung des Soundmoduls wird ein Kanal mit einem Drehpoti versehen, das dann später die Drehzahl des Motorsounds steuern soll. Zusätzlich werden auf den Funktionen Monoblockarm, Löffelstiel und Löffel Mischer programmiert, die beim Betätigen der Baggerfunktionen hörbare Leistungseinbrüche des Motorsounds bewirken. In der Praxis hat sich 10% +/- Anteil bestens bewährt. Somit ergibt sich beim Baggern eine realistische Klangkulisse. Der zweite Kanal des Soundmoduls wird mit einem freien Kippschalter der Fernsteuerung belegt. Mit diesem Kanal wird in einer Richtung der gewünschte Sound oder Funktion am Soundmodul ausgewählt und in die andere

Richtung aktiviert. Man spricht beim Soundmodul von indirekter Ansteuerung. Folgende Funktionen wurden vom Hersteller vorprogrammiert:

Funktion 1: Motorsound ein/aus
Funktion 2: Hupe
Funktion 3: Umschaltung zwischen Fahrwerk und Baggerfunktion
Funktion 4: Licht Bagger vorne
Funktion 5: Rundumlicht
Funktion 6: Licht Bagger hinten

Eine zusätzliche Information zum Soundmodul allgemein. Je nach Lautstärke und Größe des Lautsprechers, desto größer der Stromverbrauch. Das Soundmodul benötigt beim eingeschalteten Sound und mit dem 11 mm Lautsprecher ca. 180 mA. Somit hat man mit Sound eine Fahrzeit von ca. 45 Minuten. Baggert man ohne Sound, dann erreicht man ohne Probleme Fahrzeiten bis zu 1,5 Stunden.

Finish

Wenn ich ein Mikromodell aufbaue, dann steht der Punkt Detailierung an oberster Stelle. Leider gibt es auf dem Markt noch keine entsprechende Decals für den Komatsu 490. Ein Freund von mir hat in stundenlanger Arbeit eine passende Decal-Vorlage für den Bagger auf dem PC angefertigt. Er hat dabei nach Original-Vorlagen gearbeitet. Selbstverständlich waren auch öfter Probedrucke erforderlich, damit auch die Decals zum Modell passen. Danach wurde die Decals zu einem Hersteller für Nassschiebebilder geschickt, um die Decals für das Modell anfertigen zu lassen. Nach einer Woche war der Decalbogen bei mir im Briefkasten. Die Decals wurden am Modell angebracht und später mir Klarlack versiegelt.

Als Nächstes wurden die Haltestangen an Kabine und Oberwagen mit Messingdraht 0,5 mm angefertigt und Schwarz angemalt. In der Bastelkiste fand ich noch paar alte Herpa-Spiegel, um auch hier dem Erscheinungsbild des originalen Komatsu näherzukommen. Auch wurden an die Aufstiegstreppen an der Kabine und Motorabdrecken gedacht. Als Letztes stand mir noch die Verrohrung des Auslegers bevor. Diese wurde mit 1,5-mm-Vierkant-Kunststoffleisten und 0,5-Messingdraht realisiert. Da ich auch noch einen freien Fahrtenregler am Empfänger hatte, wurde auch die Verrohrung für eine Zusatzfunktion am Ausleger angebracht. Hier übernimmt nun diese Verrohrung den Part der elektrischen Verbindung zwischen Fahrtenregler und Anbaugerät. Damit das Wechseln und Anschließen des Anbaugeräts leicht vonstattengeht, wurden zwei Buchsen an die Zusatzverrohrung angelötet. Als Hydraulikschläuche diente der Mantel eines schwarzen Kabels. Noch ein bisschen Farbe drauf, fertig ist das Modell. Um in Zukunft leichter und vorbildgerecht die Anbaugeräte zu wechseln gibt es von der Firma Modellbau Langer einen passenden Schnellwechsler, wie auch noch unterschiedliche Löffeln und andere Anbaugeräte. Somit ist jetzt der Komatsu einsatzbereit.

Insgesamt 18 LEDs wurden in den
Komatsu Bagger eingebaut

In der Sandgrube fühlt sich der Komatsu Bagger wohl

Hier mal der Kettenantrieb in seinen Einzelteilen

Auch LKWs lassen sich mit dem Bagger gut beladen

KOMATSU
PC
490
LC

Mithilfe eines Messingröhrchens wird das Seil für die Schaufel im Drehpunkt der Lenkung gehalten. Dadurch gibt es keine negativen Auswirkungen beim Fahren

Hier kann man die Seilführung für die Schaufel sehr gut erkennen

Bevor es am Vorderwagen weitergeht, widmen wir uns dem Hinterwagen. In dem werden später der Fahrantrieb, der Antrieb der Kippfunktion, das Lenkservo und der Fahrakku mit Elektronik ihren Platz finden.

Fangen wir mit dem Lenkservo an. Dieses wird hinter der Rückwand des Knickgelenks unterhalb der Fahrerkabine eingebaut. Dafür muss mit einem Fräser erst Platz geschaffen werden. Danach kommt dann der Fahrantrieb. Als Antriebsachse hatte ich noch eine Achse von der Firma Mikromodellbau von einem 5to MAN in der Bastelkiste. Diese hatte genau den Radabstand, den ich für den Radlader brauchte. Um die exakte Lage der Hinterachse im Radlader zu ermitteln, sollte das Modell, sprich Vorderwagen mit Hinterteil temporär zusammengebaut werden. Danach wird die Antriebsachse zuerst mit einem 30er Zahnrad für den Antrieb ausgestattet und mit Hilfe zweier Kunststoffprofile und Kupferbuchsen fest im Hinterwagen eingebaut. Somit hat man dann die Position für das Planetengetriebe als Antrieb gefunden. Aber bitte daran denken, dass neben dem Fahrgetriebe auch das Planetengetriebe für die Kippfunktion noch Platz haben sollte. Das Getriebe für die Fahrfunktion greift mit einem 30er Zahnrad auf das andere 30er Zahnrad ein. Danach kann man dann beide Getriebe fixieren. Somit ist der Großteil der mechanischen Grundfunktionen im Radlader eingebaut.

Eine Kleinigkeit sollte man noch einbauen, bevor man mit der Elektronik startet. Wir benötigen noch eine kleine Seilführung im Hinterwagen für die Kippfunktion. Dafür habe ich ein kleines Messingrohr vom Planetengetriebe mittig bis zum Knickgelenk des Radlader verlegt.

Beim Einbau der Komponenten sollte man immer auf die Bodenfreiheit achten

Hinten hat der Empfänger von Deltang genügend Platz

▲ Der 150-mA/h-Akku benötigt den gesamten Platz im oberen Teil des Radladers

Mit kleinen Messinggewichten in den Felgen kann man das Gesamtgewicht des Radladers erhöhen und die Fahreigenschaften verbessern

Elektronik

Nachdem alle mechanischen Komponenten eingebaut sind, können wir den Akku einbauen. In meinen Radlader verwende ich eine 165-mA-Lipo-Zelle mit den Maßen 30×12×5 mm, die man bei Mikromodellbau.de bekommt. Viele von meinen Bekannten verwenden 135-mA-Lipo-Zellen. Diese ist kürzer als die Lipo-Zelle die ich verwende, aber warum sollte man auf Kapazität verzichten, wenn die lange Zelle Platz hat.

Dazu wird aus der Kabine die Inneneinrichtung entfernt und ein kleiner Durchbruch in der Rückwand der Kabine herausgearbeitet, sodass die Lipo-Zelle hindurch passt. Danach wird die untere Hälfte der Kabine auf dem Radlader fixiert und der Akku mit den Anschlüssen nach hinten eingebaut. Als Nächstes wird dann die Inneneinrichtung so angepasst, dass sie oberhalb der Akkus ihren Platz findet. Wenn man dann noch eine kleine Preiserfigur einklebt und die restlich ersichtlichen Stellen der Akkus farblich nacharbeitet, sieht man später nichts mehr davon, dass der Fahrakku bis in die Kabine reicht.

Als Empfänger habe ich den Deltang RX43D32-V5 mit drei internen Fahrtenreglern und vier freien Kanälen auf dem Akku angebracht. Somit spare ich mir zwei, beziehungsweise drei zusätzliche Fahrtenregler in dem Fall, dass man auf Brems- und Rückfahrlicht verzichten kann. Ich habe noch einen zusätzlichen Fahrtenregler mit diesen Funktionen unterhalb des Hinterwagens eingebaut, da ich auf diese Lichtfunktionen nicht verzichten wollte. Der kleine Mikroprocessor ATTiny15 für die Lichtfunktionen wurde auch in der unteren Hälfte der Hinterwagens eingebaut, wie auch der Ein/Aus-Schalter und eine Ladebuchse. Danach wurde das Planetengetriebe für den Antrieb am externen Fahrtenregler und die beiden Planetengetriebe für die Schaufel/Arm Funktionen am Empfänger angeschlossen.

Als Nächstes wurde die Signalleitungen von Servo, externem Fahrtenregler und des Mikroprozessors an den Signalpats des Empfängers angelötet. Was noch bleibt ist die Herstellung der Versorgungsspannung vom Akku über den Schalter zu den anderen elektrischen Komponenten. Somit steht einer kleinen Testfahrt mit dem Radlader nichts mehr im Weg. Ist man mit dem Ergebnis zufrieden, kann man noch die Beleuchtung fertigstellen. Mein Radlader hat insgesamt 17 LEDs für die Funktionen Licht, Blinker links/rechts, Bremslicht, Rückfahrscheinwerfer und Rundumleuchte. Die Funktionen Bremslicht und Rückfahrscheinwerfer werden am externen Fahrtenregler angeschlossen. Die restlichen Lichtfunktionen werden an den entsprechenden PINs des Mikroprozessord angelötet.

Finish

Kommen wir zu den Abschlussarbeiten des Radladers. Durch den Umbau ist die eine oder andere Stelle am Radlader nicht mehr so schön, da man Spuren des Umbaus oder die einzelnen Komponenten der Funktionen sieht. Hier kann man mit ein bisschen Spachtelmasse und Farbe schnell Abhilfe leisten. Auch die LEDs, die in den meisten Fällen weiß oder transparent sind, kann man mit Tauchlack in den Farben Gelb und Rot nacharbeiten. Somit hat man ein sehr schönes Modell, mit dem man jetzt LKWs oder andere Fahrzeuge beladen kann.

Radlader sind ein sehr beliebte Baufahrzeuge

Beim Radlader ist die Höhe des Hubs wichtig, damit auch höhere LKWs beladen werden können

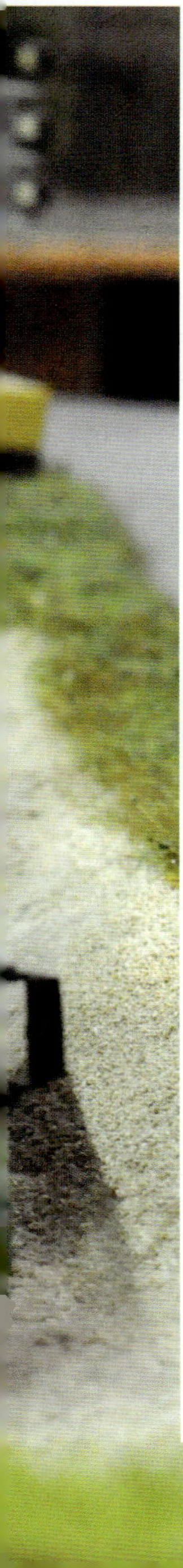

Der Radlader hat genügend Kraft um die Schaufel in den Sand zu treiben

Mit gut gefüllter Schaufel kann der Radlader zurücksetzen

Auch Abrollmulden können mit einem Radlader beladen werden

Lichtfunktionen dürfen bei solch einem Modell nicht fehlen

Maximaler Hub des Auslegers. Damit kann man fast jeden LKW beladen

RTS
SWIETELS
Geiger

Natürlich kann man mit seinem Radlader auch auf einer Modelleisenbahn seinem Spieltrieb nachgehen

3.4 Schüttguttransport mit MAN-Kipplastzug

Wenn man schon einen Bagger oder Radlader umgebaut hat, dann möchte man auch mal einen funktionierenden Kipper beladen. In diesem Kapitel wollen wir einen Kipplastzug umbauen. Zum einen ist der Umbau leichter als der einer Baumaschine und zum anderen können wir neben dem Rundmulden-Auflieger auch einen Tieflader zum Transport von leichten Baumaschinen damit ziehen. Als Objekt dient hier ein Geiger MAN TGS Euro5 mit Rundmulden-Auflieger von Herpa. Das TGS-Führerhaus ist schmaler als das vom TGX und auch die Dachhöhe ist niedriger. Aber alle Komponenten finden darin ihren Platz. Wer jetzt zum ersten Mal eine Zugmaschine in diesem Maßstab umbaut, dem empfehle ich dann eher eine Fernverkehrs-Zugmaschine, wie zum Beispiel einen Mercedes Actros, da hier dann das Platzangebot größer ist.

◂ Bei den Herpa-Modellen kann man in den Tanks oder Auspuff sehr gut den Ein/Ausschalter oder die Ladebuchse einbauen

▾ Über der Lenkung wird ein Durchbruch für das Lenkservo eingearbeitet

Umbau Zugmaschine

Fangen wir damit an das Modell in seine Einzelteile zu zerlegen. Dank der Clip-Technik von Herpa geht das recht rasch vonstatten. Als Antrieb habe ich das 1:90er Getriebe von Sol-Expert verwendet. Dazu muss man im Rahmen ein paar Dinge heraus fräsen. Dazu eignet sich am bestens eine Diamant-Trennscheibe. Aber Vorsicht, die Führung der Hinterachse wird noch benötigt, denn hier wird die Antriebsachse des Getriebes gelagert. Mit Stabilit oder flüssigen Kunststoff kann man dann das Getriebe am Rahmen befestigt.

Als Nächstes ist die Lenkung an der Reihe. Dazu gibt es zwei Möglichkeiten. Zum einen kann man eine Pendel-Lenkachse aus dem Faller Car System einbauen. Dies hat den Nachteil, dass dann umfangreiche Fräsarbeiten in den Radkästen anstehen, da der Drehpunkt der Lenkachsen sehr weit innen liegt. Die zweite Möglichkeit ist eine Lenkachse von Herpa zu verwenden. Diese hat den Vorteil, dass der Drehpunkt fast in der Felge liegt und dadurch in der Regel keine Fräsarbeiten in den Radkästen anfallen. Der Nachteil der Herpa-Lenkachse ist, dass diese nicht pendelt. Aber mit diesem Nachteil kann ich sehr gut leben.

Die Lenkachse wird ohne Radaufhängung in den Rahmen nach Bauanleitung eingebaut und man sollte diese dann mit den beiden Rahmenhälften verkleben. Als nächster Arbeitsschritt kommt der Einbau des Servos dran. Dazu muss im Rahmen eine entsprechende Öffnung herausgefräst werden. Hier wäre es hinderlich, wenn die Achse für die Lenkung nicht fixiert wäre. Bei den Fräsarbeiten für das Servo sollte man darauf achten, dass das Servo so nah wie möglich an den Kühlergrill des Führerhauses eingebaut werden soll. Denn zwischen Servo und Rückwand des Führerhauses sollte noch der Fahrakku Platz haben.

Wenn alles passt, dann kann man das Servo am Rahmen mit Klebstoff befestigen. Nachdem der Klebstoff ausgehärtet ist, kann man dann die restlichen Teile der Lenkung anbauen. Danach kann man die Felgen mit Silikon Reifen an das Modell anbauen. Ich bekomme meine Reifen von einem Bekannten. Aber es gibt auch Reifen bei diversen Modellbauhändlern wie der Sol-Expert.

Nun kommt das Führerhaus an die Reihe. Im Führerhaus sollen später der Akku, der Empfänger und die restlichen Komponenten ihren Platz finden. Davor beginnen wir mit dem Bearbeiten der Bodenplatte des Führerhauses. Dazu wird in der Mitte eine Aussparung für das Servo eingefräst. Die funktioniert am bestens mit der Kombination von

Hinter den Sitzen haben der Akku und der Empfänger beim Herpa MAN TGS noch ausreichend Platz

Mit der richtigen Beleuchtung und ein paar Details kann man das Modell vom Original kaum noch unterscheiden

Diamant-Trennscheibe und einem Zylinderfräser. Zusätzlich muss die Bodenplatte hinten um ca. 5 mm gekürzt werden, damit auch der Akku genügend Platz hat. Dazu sollte man immer wieder zwischen den Fräsarbeiten die Bodenplatte probeweise an das Fahrgestell halten. Damit auch im Führerhaus der Akku seinen Platz findet, müssen die Verglasung gekürzt und auch die Deckenplatte an der Verglasung entfernt werden. Der Akku selber passt im Grund genommen in das Führerhaus. Aber dafür müssen die Anschlussfahnen am Akku vorsichtig umgebogen werden. Dies funktioniert am bestens mit einem Lappen und einer Zange. Aber wie schon gesagt vorsichtig umbiegen. Danach kann man den Akku am Fahrgestell fixieren. Wenn man jetzt das Führerhaus mit dem Fahrgestell vereint, kann man sehen, dass auf der Beifahrerseite zwischen Akku und Rückwand sein Spalt frei ist. Dieser wird später der Platz für den Empfänger benötigt. Somit hätten wir den mechanischen Teil an der Zugmaschine fertig gestellt. Nun können wir uns dem Auflieger widmen.

Vollbeladen geht es im kleinen Gang die Auffahrt von der Grube hoch

Zum Kipper-Lastzug passt der Radlader bestens

Umbau des Aufliegers

Der Umbau des Aufliegers gestaltet sich recht einfach. Für die Lichtfunktionen wird hier ein eigener Lichtbaustein eingesetzt, der dann parallel mit dem Lichtbaustein der Zugmaschine auf demselben Port am Empfänger liegt. Die Lichtfunktionen Brems- und Rückfahrlicht werden später vom Fahrtenregler der Zugmaschine abgegriffen, wie auch die Stromversorgung. Dies wird aber im nächsten Abschnitt genauer erklärt.

An sich haben wir im Auflieger nur als Hauptfunktion das Kippen der Rundmulde. Es gibt hier verschiedene technische Ansätze. Eine Möglichkeit wäre einen Spindelantrieb einzubauen. Hier wird mit einem Getriebemotor eine Gewindestange angetrieben und somit die Mulde zum Kippen gebracht.

Eine weitere Möglichkeit wäre über eine Schnecke-Zahnrad-Kombination. Hier gibt wieder zwei Varianten. Einige befestigen das Zahnrad an der Mulde. Hier muss man dann das Zahnrad auf einer Seite kürzen. Die andere Variante ist, dass am Zahnrad ein Draht befestigt wird, der dann die Mulde auf der Unterseite hochdrückt. Alle diese Varianten funktionieren bestens, aber der Aufbau gestaltet sich sehr aufwendig.

Die einfachste Möglichkeit ist, mit einem Getriebemotor und einem Faden die Mulde zu kippen. Diese Variante ist recht einfach und hat sich über die Jahre bestens bewährt.

Hierfür wird im Rahmen für das 1:700er-Planetengetriebe eine Aussparung herausgefräst. Das Getriebe wird dann mit Stabilit Express oder flüssigen Kunststoff befestigt. Mit einem Stück Kunststoff, das mittig eine 1,5-mm-Bohrung hat, wird danach die Achse des Getriebes im Rahmen gegengelagert. Was noch fehlt ist der Faden, der an der Unterseite der Mulde befestigt wird und über die Auflieger-Achsen zum Getriebemotor geführt wird. Fertig ist der Kippantrieb. Diese Variante kann man auch leicht in kleineren Modellen einbauen. Somit wären wir mit dem technischen Teil am Auflieger fertig.

Es ist allerdings ratsam, die Klappe der Mulde mit einem kleinen Bleigewicht zu beschweren, sodass man später während der Fahrt kein Ladegut verliert. Wer eventuell einen Zahntechniker in seinem Bekanntenkreis hat, der kann den mal fragen, ob diese nicht die Heckklappe aus Edelstahl gießen könnte. Dies war bei mir der Fall.

Klein aber fein ist der Geiger-Kipperlastzug von Herpa unterwegs

Vorsichtig wird der Kipper-Auflieger an den Rand der Grube herangefahren

Elektronik

Jetzt kommen wir zum aufwendigen Teil des Umbaus, der Elektronik. In unserem Modell werden wir neben den Funktionen Fahren, Lenken und Kippen auch noch Lichtfunktionen in das Modell mit einbauen.

Beginnen wir mit der Zugmaschine. Auf der Beifahrerseite ist am Modell der große Tank angebracht und dieser ist ab Werk hohl. In diesen Tank fräsen wir zwei Öffnungen für den Ein-Aus-Schalter und die Ladebuchse. Als Nächstes werden die Ladebuchse und der Schalter mit den notwendigen Kabeln versorgt. Hierbei ist darauf zu achten, dass das Plus Kabel von der Ladebuchse mit dem Schalter an der rechten oder linken Lötfahne verbunden wird. Nie die Mitte vom Schalter verwenden, da diese Fahne für den Pluspol des Akkus reserviert ist. Siehe dazu den Schaltplan. Wenn die Verkabelung abgeschlossen ist, können Schalter und Ladebuchse in den Tank eingebaut werden. Die restlichen Kabel werden an der Unterseite des Rahmens bis in den Innenraum der Fahrerkabine verlegt.

Der Fahrakku wird auf der Rückseite der Inneneinrichtung mit ein wenig flüssigem Kunststoff fixiert. Auf der Rückseite der Inneneinrichtung wird auf der Beifahrerseite der Empfänger mit doppelseitigem Klebeband angeklebt. Der Fahrtenregler findet seinen Platz auf der Unterseite des Fahrgestells, wie auch der Lichtbaustein für die Beleuchtung. Bevor wir mit der Verdrahtung anfangen, sollte man sich eine Verteilerleiterbahn für Plus und Minus im Modell einbauen. Ich habe den Platz neben dem Empfänger gewählt. Als Erstes verlegen wir den Pluspol vom Schalter zur Verteilerleiterbahn, wie auch den Minuspol. Danach kann man mit der Stromversorgung von Empfänger, Servo und Fahrtenregler weitermachen.

Was noch fehlt sind die beiden Signalleitungen von Fahrtenregler und Servo, die dann mit dem Empfänger aus den entsprechenden Ports belegt werden. Wenn alles korrekt angeschlossen ist und der Empfänger mit der Anlage gebunden ist, kann man schon mal ein paar kleine Probefahrten auf dem Werktisch durchführen. Was noch fehlt ist die Beleuchtung.

Der MAN hat in der Front Scheinwerfer und die beiden Blinker. Dies ist an sich recht einfach zu bewerkstelligen. Dazu bohre ich in die Scheinwerferblende, die hinter dem Glas sitzt, auf jeder Seite jeweils zwei 0,8-mm-Löcher. In diese Löcher werden dann von hinten SMD-LEDs 0402 jeweils außen gelb und innen weiß eingedrückt und danach mit Sekundenkleber fixiert. Somit hat man später die Illusion, als ob wirklich Glühbirnen hinter der Verglasung angebracht worden sind. Danach kommen die beiden Blinker am Kotflügel der Lenkachse.

Es gibt zwei Möglichkeiten für die Seitenblinker. Die eine Möglichkeit ist an der Stelle der angedeuteten Blinker ein 0,8-mm-Loch zu bohren und von hinten wieder eine SMD-LED 0402 einzudrücken. Oder in das 0,8-mm-Loch wird zunächst ein Lichtwellenleiter eingeklebt, der dann in den vorderen Bereich verlegt wird. Am Ende des Lichtwellenleiters wird dann die LED angeklebt. Die letztere Möglichkeit ist nach meiner Meinung nach die schönere Variante. Solche Lichtwellenleiter gibt es seit ein paar Jahren im Sortiment von Faller. Die Rücklichter gestalten sich eher einfach. Ich habe auf jede Seite SMD-LEDs 0603 auf die Rücklicht-Attrappen von Herpa mit folgender Reihenfolge geklebt. Rücklicht – Blinker – Bremslicht – Rücklicht – Rückfahrlicht und auf der anderen Seite in umgekehrter Reihenfolge. Mit ein bisschen Farbe kann man die LEDs dann als letzten Arbeitsschritt der Rückleuchten umranden.

Kommen wir zu den beiden Positionslichtern an der Sonnenblende. Dazu habe ich zuerst vorsichtig zwei 0,3-mm-Löcher gebohrt, durch die dann die Litzen der SMD-LEDs 0401 (Die sind ein wenig schmaler als die 0402er) durchgezogen werden. Somit sind die Leuchtmittel an der Zugmaschine angebracht.

Der nächste Arbeitsschritt ist ein bisschen zeitintensiv. Wir müssen alle LEDs der Zugmaschine noch mit den RC-Komponenten verbinden. Da alle RC-Komponenten den Minus-Pol schalten, können wir im ersten Arbeitsschritt alle Pluspole der LEDs zusammenfassen und mit der Verteilleiterbahn verbinden. Danach geht es mit dem Suchen der einzelnen LEDs weiter. Als Hilfsmittel hat sich ein selbst gebauter LED-Tester bewährt.

Diesen kann sich jeder aus einfachen Mitteln zusammenbauen. Benötigt werden ein Akku, eine Steckverbindung, damit man den Akku laden kann, ein 1-Kiloohm-Widerstand und zwei Litzen in den Farben Rot und Schwarz. Vom Akku werden beide Pole getrennt mit der Steckverbindung verbunden. Nach der Steckverbindung werden noch eine rote Litze mit dem Widerstand und eine schwarze Liste an der anderen Seite der Steckverbindung angelötet. Somit hat man nun die Möglichkeit die LEDS heraus zu messen. Fangen wir mit den leichteren LEDs an: Rückfahrscheinwerfer und Bremslicht. Beide Lichtpaare werden jeweils mit einem 1-Kiloohm-Widerstand an den entsprechenden Ports am Fahrtenregler angeschlossen. Es ist kein Problem, wenn man mehrere LEDs mit einem Widerstand zusammenfast.

Danach kommt das Licht. Für die vier Rücklichter werden alle mit einem 2-Kiloohm-Widerstand am Port für die Licht am Lichtbaustein angeschlossen. Danach kommen die beiden Positionslichter der Sonnenblende. Diese wurden mit einem 7,5-Kiloohm-Widerstand an denselben Port am Lichtbaustein angeschlossen. Danach werden die beiden Frontscheinwerfer mit einem 1-Kiloohm-Widerstand am Lichtbaustein angelötet. Was noch übrig bleibt sind die Blinker. Diese werden seitenweise mit einem 300-Ohm-Widerstand an die jeweiligen Ports für Blinker rechts und Blinker links am Lichtbaustein angelötet. Fertig!

Bevor wir nun das Führerhaus auf dem Fahrgestell anbringen, muss noch die Steckverbindung für den Auflieger an der Zugmaschine angebracht werden. Dazu habe ich eine 6polige-Steckverbindung mit einer Rasterung von 1,0 mm gewählt.

Warum nur sechs Pole? Ganz einfach. Für den Auflieger benötigen wir zu einem eine Stromversorgung, sprich Plus und Minus. Einmal Signal für den Lichtbaustein, der im Auflieger zusätzlich verbaut wird und einmal Signal für den Fahrtenregler. Was noch fehlt sind die Verbindungen für Bremslicht und Rückfahrscheinwerfer, die vom Fahrtenregler in der Zugmaschine zusätzlich abgegriffen werden. Wie man den Stecker belegt bleibt jedem selbst überlassen. Man sollte sich aber die Belegung auf ein Stück Papier notieren. Wenn der Stecker an der Zugmaschine angebracht ist, kann man dann auch das Führerhaus anbringen. Somit ist die Zugmaschine vorerst fertig und wir können uns dem Auflieger widmen.

Beginnen wir mit der Beleuchtung. Die Anordnung der Rücklichter wurde 1zu1 der Zugmaschine angeglichen. Sprich jeweils fünf LEDs in derselben Anordnung wie bei der Zugmaschine. Danach wurden an der Seite des Rahmens mit 0402er LEDs die Positionslichter angebracht. Hierzu kann man im Web genügend Bilder finden, denen man die Position der Leuchten entnehmen kann. Um die Verdrahtung im Auflieger etwas einfach zu gestalten wurde für den Pluspol eine Leiterbahn am Rahmen angeklebt. Eine separate Leiterbahn für den Minuspol kann man sich sparen, da nur der Fahrtenregler für die Kippfunktion und der Lichtbaustein Masse benötigen. Dann geht das Spiel wieder von vorne an.

Als erstes alles Pluspole der LEDs sammeln und an der Leiterplatine anlöten. Danach sollte man, bevor es weiter geht, schon mal den Lichtbaustein und den Fahrtenregler unter dem Rahmen anbringen und mit Plus/Minus verbinden. Danach können wir dann die LEDs an den einzelnen Komponenten anbringen. Die vier Rücklichter werden mit einem 2-Kiloohm-Widerstand am Lichtbaustein angeschlossen. Die seitlichen Positionslichter zusammen auch mit einem 2-Kiloohm-Widerstand am Port für Licht am Lichtbaustein anlöten. Die beiden Blinker werden jeweils mit einem 800-Ohm-Widerstand an den Ports des Lichtbausteins angelötet. Hier sollte die Belegung der Blinker 1zu1 zu Zugmaschine passen.

Danach widmen wir uns dem Fahrtenregler, bevor es zum Endspurt mit der Verdrahtung weiter geht. Das Getriebe für die Kippfunktion wird an den Motorausgängen des Fahrtenreglers angelötet. Danach werden die einzelnen Komponenten an die Steckverbindung angeschlossen. Hier ist noch darauf zu achten, dass in den Verbindungen für Brems- und Rückfahrlicht jeweils noch ein 1-Kiloohm-Widerstand eingelötet wird. Ansonsten gibt es nur eine kurze Vorstellung der beiden Lichtfunktionen.

Wenn alle Verbindungen angelötet sind, kann man den Stecker an die Zugmaschine einstecken und alle Funktionen durchtesten, bevor man den Auflieger an der Zugmaschine einhängt. Noch ein Punkt ist zu beachten. Die Verbindungsleitungen zwischen Zugmaschine und Auflieger sollte genügend lang sein, damit man auch Rangierfahrten mit dem Auslieger machen kann.

Finish

Wenn ein Modell umgebaut ist, dann sieht es in den meisten Fällen recht bunt aus, da man überall den Kleber oder die Kabel, wie auch die Kupferlitzen am Modell sieht. Das alles stört das Erscheinungsbild des Modells erheblich. Mit ein paar einfachen Tricks kann man es erheblich aufbessern. Für den Anfang reicht schon ein bisschen Farbe.

Dazu habe ich mir für dieses Projekt bei einem Farbhändler die Geigerfarben bestellt.

Bei der Firma Geiger gibt es zwei Grüntöne. Zu einem Haben Laubgrün (RAL-6002), das für das Fahrwerk verwendet wird und die Farbe Blassgrün (RAL-6021) für die Führerhäuser. Damit kann man die erwähnten Punkte mit Farbe übermalen. Damit verbessert sich das Erscheinungsbild erheblich.

An manchen Stellen, wie zum Beispiel den Rücklichtern, kann man auch mit Schwarz die LEDs umranden. Als Nächstes widmen wir uns den LEDs. Am Vorbild sind die Leuchten ja immer hinter einem farbigen Glas. Dies kann man im Modell mit sogenannten Tauchlacken nachstellen. Für Blin-

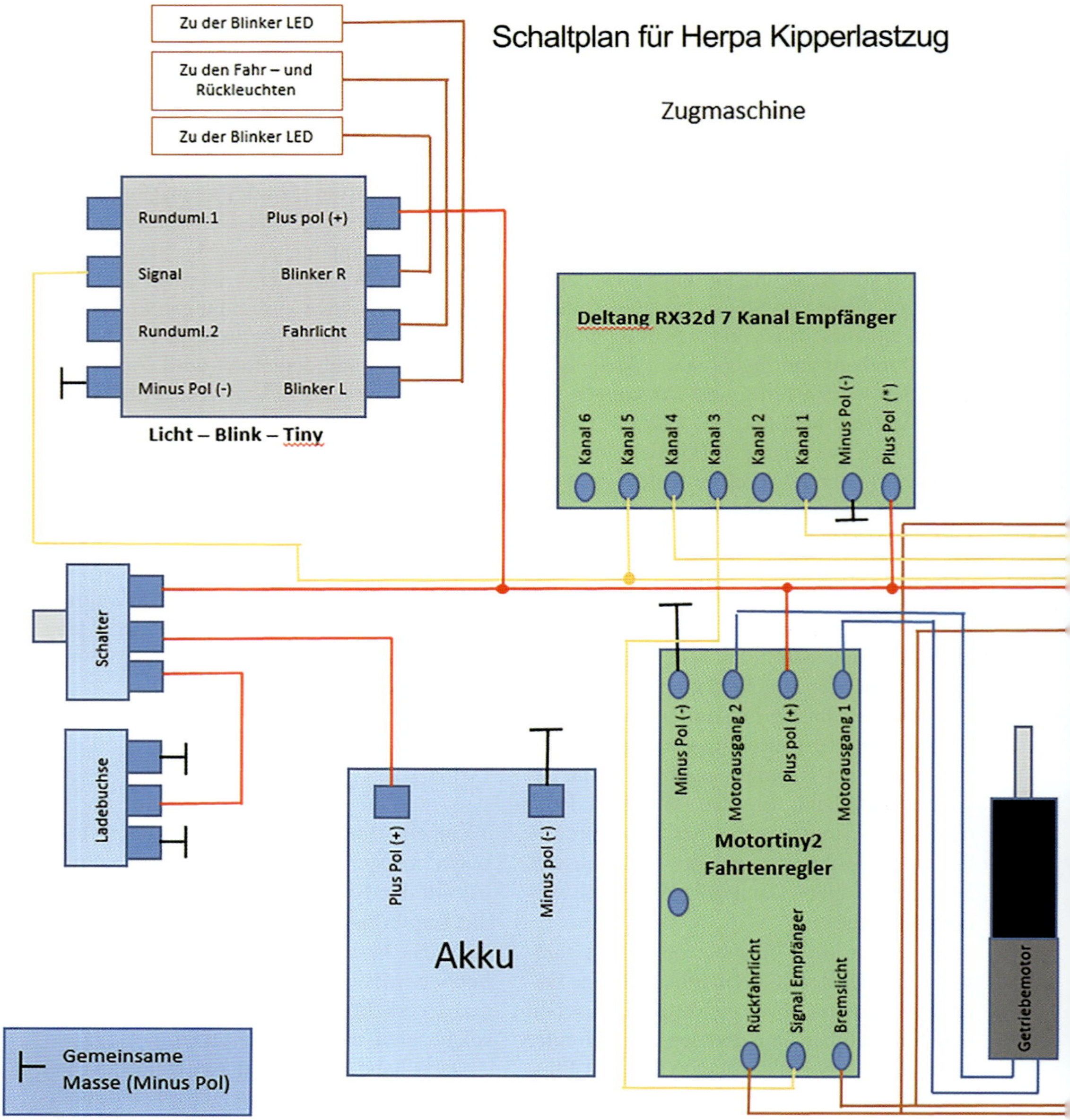

ker und Seitenbegrenzungsleuchten verwende ich einen Tauchlack in Orange und für die restlichen Rücklichter einen roten Tauchlack. Die Tauchlacke gibt es in verschiedenen Farben.

Zum Abschluss fehlen noch kleine Details wie Fahrer, Unterlegkeile, Feuerlöscher und so weiter. Das Angebot auf dem Markt ist recht vielfältig und man kann seiner Fantasie freien Lauf lassen.

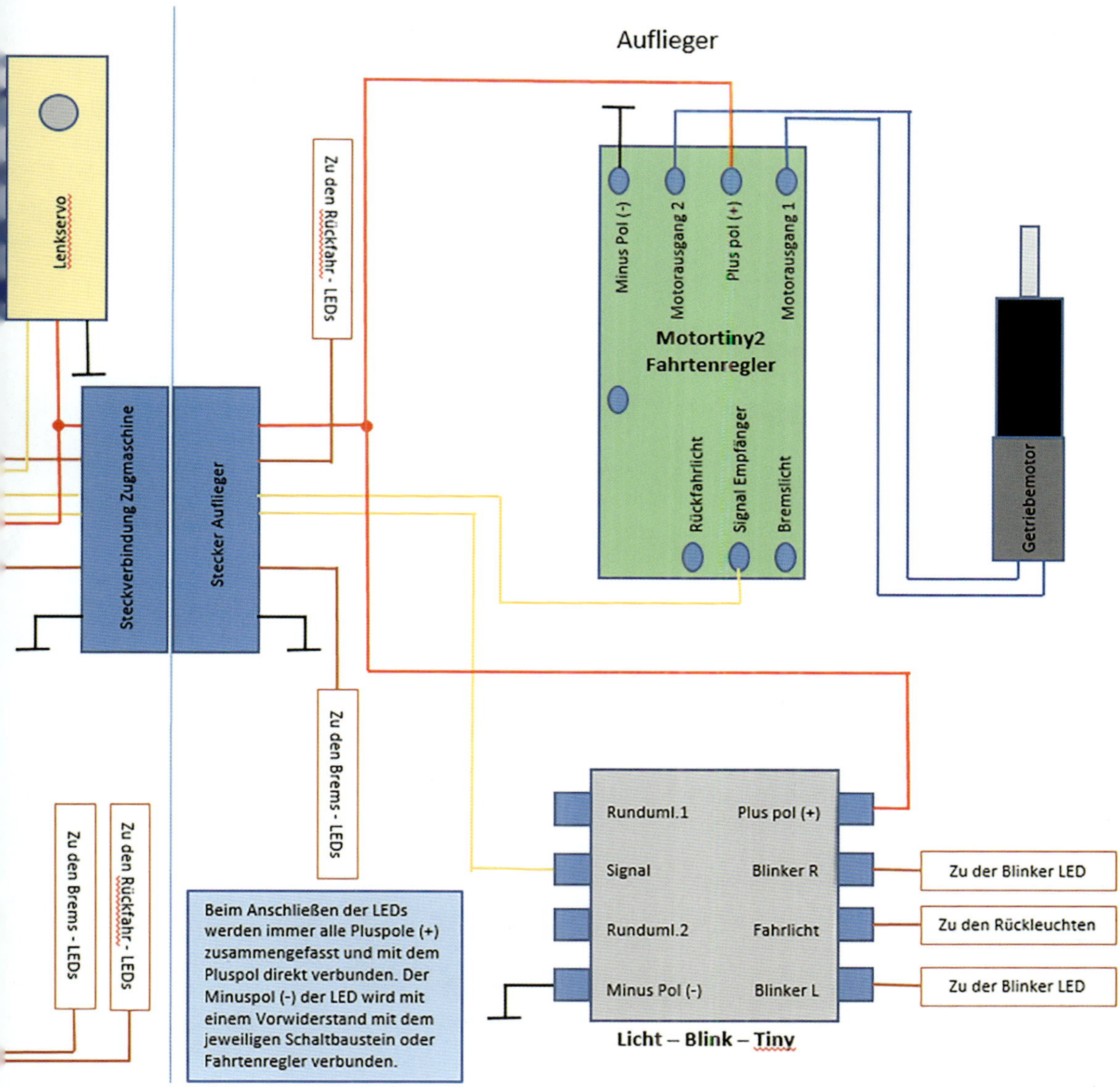

◂ Mit ein paar kleinen Zubehörteilen kann man sein Modell aufwerten

Mit dem Seilzug kann man feinfühlig auskippen

3.5 Eine Planierraupe muss her

Auf einer Messe die in der Regel über mehrere Tage geht, wird einiger Sand auf den Modulen bewegt. Meistens bleibt es dann nicht aus, dass sich in der Kiesgrube langsam eine Hügellandschaft bildet. Der Grund dafür ist, dass die Kipperfahrer ihre Ladung einfach irgendwo abkippen und es wegen des geringen Gewichts der Modelle einfach nicht möglich ist, mit dem LKW auf einen Sandhaufen zu fahren. Also muss von Zeit zu Zeit die Kiesgrube ein bisschen aufgeräumt werden. Natürlich möchte man dies stilecht mit einer Planierraupe erledigen. Das war dann die Geburtsstunde meiner Planierraupe. Als Basismodell dient hier die Liebherr Raupe 734 von Herpa.

Im Sand fühlt sich die Planierraupe wohl

◂ Das Antriebsaggregat für die Planierraupe

▾ Eingebaut kann man den Antrieb kaum noch sehen, was sich positiv auf das Erscheinungsbild der Raupe auswirkt

Raupenfahrwerk

Beim Antrieb der Raupe fiel die Wahl wieder auf die selbstgebauten Getriebeblöcke, die schon Verwendung in meinem Liebherr Bagger 954 fanden. Der Aufbau des Getriebes ist eigentlich sehr simpel. Als Antrieb kommt ein 1:700er Planentengetriebe von Sol-Expert zum Einsatz. Dabei wird im Getriebeblock selbst die Kraft vom Getriebe mit zwei Messing-Kegelzahnrädern Modul 0,2 um 90 Grad zur Seite umgelenkt. Der Getriebeblock selbst hat die Maße 7×7×16 mm. Mit Hilfe einer Drehbank mit Vierbackenfutter wird als Erstes ein 1,5-mm-Loch durchgebohrt. Danach wird mit einen 6-mm-Fräser das Loch bis zu einer Tiefe von 15,5 mm aufgebohrt. Was übrig bleibt ist die 0,5-mm-Stirnwand mit dem 1,5-mm-Loch, welches später als Gegenlager für das Getriebe gedacht ist. Nun kommt von horizontal eine 4-mm-Bohrung in den Getriebeblock in die die Achse für das Antriebsrad eingesetzt werden soll. Der Abstand zur Kante des Getriebeblocks beträgt 2,5 mm. Die Antriebswelle für das Kettenrad ist ein 1,5-mm-Messingrundmaterial. Ich habe diesen Durchmesser gewählt, da die Bohrung der Kegelzahnräder auch 1,5 mm groß ist. Um eine Führung im Getriebeblock und im Fahrwerk zu haben, wird noch eine Messingbuchse 4×3,5 mm auf der einen Seite des Getriebeblocks angelötet.

Bevor die Getriebemotoren eingesetzt werden, habe ich die beiden Getriebeblöcke miteinander verlötet, sodass daraus ein Getriebeblock entstand. Vor dem Verlöten sollte man die Antriebsachsen für die Kettenantriebsräder einsetzen. Dazu sollten schon vorher die Kegelzahnräder auf den Achsen angelötet sein. Alternativ kann man die Getriebeblöcke auch miteinander verkleben oder verschrauben. Das sollte jeder für sich entscheiden.

Jetzt kommen die Kegelzahnräder auf die Planentengetriebe darauf. Da die Antriebs-

Der Antrieb für den Hub des Räum-Schilds

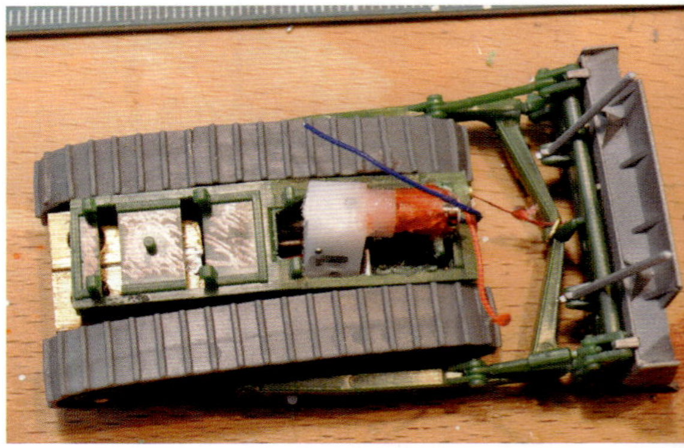

Durch die kleinen Abmessungen des Getriebes, passt es hervorragend in den vorderen Teil der Planierraupe

Test ob das kleine Getriebe mit dem 4-mm-Motor genug Kraft hat, um das Schild aus Edelstahl zu heben

Alle drei Getriebe im eingebauten Zustand

Auch die restlichen Komponenten müssen noch in der Raupe untergebracht werden

welle der Getriebe aus POM sind, kann man die Kegelzahnräder nicht mit Sekundenkleber festkleben. Bei der ersten Belastung würde sich der Sekundenkleber vom POM lösen. Am besten ist es, wenn man die Zahnräder mit einem 0,5-mm-Messingstift an der Antriebsachse des Getriebes befestigt. Nun kann man die Planetengetriebe in die Getriebeblöcke einsetzen. Somit wäre der Kettenantrieb für die Raupe fertig und man kann mit dem Einbau ins Fahrwerk beginnen.

Bevor man mit dem Fräsen am Fahrwerk beginnt, sollte man daran denken, dass nach dem Fräsen vom Fahrwerk nicht mehr viel übrig bleibt. Was sich als sehr hilfreich erwiesen hat ist, eine Verstärkung der vordere Aufhängung der Laufwerksträger mit Stabilit Express. Danach kann man getrost den Platz für das Doppelgetriebe ausfräsen.

Als Nächstes werden die Kettenantriebsräder an den Getrieben befestigt. Auch hier sollte man die Räder auf der Achse verstiften. Jetzt kann man das Getriebe im Rahmen mit Stabilit Express einkleben. Was sich für später als sehr hilfreich erwiesen hat, ist das Getriebe mit ca. 1 mm Abstand zum Fahrwerksträger einzukleben. Somit ist die Gummikette von Herpa auf Spannung und man spart sie einen zusätzlichen Kettenspanner im Fahrwerk.

Zu den Gummiketten gibt es noch einen kleinen Tipp: Bevor man die unförmige Kette aufs Fahrwerk aufzieht ist es angebraucht diese wieder in Form zu bringen. Dazu habe ich die Ketten auf einen runden Körper aufgesteckt und für eine Stunde in ein kochendes Wasserbad eingelegt. Danach waren die Ketten wieder schön rund und das Hopsen der Planierraupe hatte auch ein Ende.

Auch für eine Nachtschicht ist die
Raupe bestens ausgerüstet

Auch bergauf kann die Raupe
den Sand schieben

Hubmechanik

Der Hub des Schilds wurde mit einem 1:2.024er-Getriebe und Angelschnur realisiert. Mit der Schnur wird das Schild angehoben und durch das Eigengewicht senkt es sich wieder. Dafür ist es wichtig, dass das Schild ein gewisses Eigengewicht hat. Bei meiner Raupe hat mir ein Freund, der Zahnarzttechniker ist, das Schild aus Edelstahl gegossen. Dabei wird das Originalbauteil vom Herpa-Modell in eine Formmasse eingebettet und dann der Kunststoff im Ofen herausgebrannt. Der entstandene Hohlraum wird anschießend mit flüssigem Edelstahl ausgefüllt. Wie man sehen kann, ist die Detailierung des Räumschildes dabei erhalten geblieben. Alternativ kann man die Aufhängung des Schildes selbst aus Messingprofilen herstellen oder das Schild mit zusätzlichen Bleigewichten beschweren.

Das Getriebe selbst wurde im vorderen Teil des Fahrwerks eingebaut. Dabei ist zu beachten, dass später der Akku, der die komplette Länge der Raupe in Anspruch nimmt, noch genügend Platz oberhalb vom Getriebe hat. An der Antriebsachse wurde eine kleine Seiltrommel befestigt, auf die dann die Schnur des Schildes aufgewickelt werden kann. Mit Stabilit Express wird nach dem Einpassen das Getriebe an Ort und Stelle

Man möchte es kaum glauben, aber ein Fahrer von Preiser hat bei mir im Modell immer noch Platz

fixiert. Was noch fehlt ist ein kleines Führungsrohr für die Angelschnur. Dieses wurde aus einem kleinen Messingrohr angefertigt. Damit wären alle Funktionen, bis auf das Licht, im Modell realisiert und man kann mit der Endmontage beginnen.

Elektronik

Die Wahl des Empfängers fällt in unserer Hobbysparte nicht schwer aus, denn es gibt leider nur einen Hersteller, der einen Empfänger anbietet, der nicht größer als eine Fingerkuppe ist. Bei der Planierraupe habe ich mich wegen den engen Platzverhältnissen für den Deltang Empfänger Rx43d-3 entschieden. Dieser Empfänger hat schon drei Fahrtenregler on Board. Genauso viele, wie wir für die Raupe benötigen. Für die Lichtfunktion habe ich einen 2-Kanal-Schalter auf der Basis eines ATTiny 13 eingebaut. Dieser Mikroprozessor wurde mit einer Software bespielt, die es ermöglicht zweimal Masse an den Ausgängen des Tiny zu schalten. Für das Licht wird nur ein Ausgang benötigt. Dieser Mikroprozessor findet noch bequem Platz unter der Motorhaube. Der runde Lipo-Akku mit 130 mAh benötigt die komplette Länge der Raupe. Dafür muss der Übergang zwischen Motorhaube und Kabine auf 7 mm ausgefräst werden. Auch im Inneren der Motorhaube muss ein wenig ausgefräst werden.

In der Fahrerkabine wird für den Empfänger die komplette Bodenplatte herausgeschnitten. Dadurch wird der Empfänger unter dem Akku liegen und die Kabine selbst bleibt im oberen Bereich frei. Der Schalter und die Ladebuchse für den Akku wurden oberhalb der Aufhängung für den Aufreißer eingebaut. Das Verkabeln der einzelnen Komponenten geht eigentlich sehr rasch. Die Motoren werden direkt mit dem Empfänger verbunden und der Schalt-Kanal wir an einem freien Servo Ausgang am Empfänger angeschlossen.

Die Raupe muss ihr Brot in der Sandgrube hart verdienen

Für die Beleuchtung wurden bei diesem Modell acht SMD LEDs 0603 in weiß verbaut. Für die 0,01 mm dicken Kupferlacklitzen wurden jeweils 0,3-mm.Löcher in die Karosserie gebohrt. Die Pluspole der LEDs wurden alle gemeinsam am Pluspol des Empfängers angelötet. Die Minuspole der LEDs wurden gemeinsam an einem 300-Ohm-Widerstand angelötet, der wiederum mit dem Schalttiny verbunden ist. In der Mikromodellbauwelt wird fast immer ausschließlich der Minuspol geschalten, da die kleinen Mikroprozessoren keine hohen Leistungen schalten können, die zum Beispiel beim Schalten des Pluspols auftreten können.

Finish

Für das endgültige Finish der Raupe ist eigentlich nicht viel zu machen. Als Erstes bekommt die Planierraupe einen Fahrer, damit nicht ein Geisterobjekt durch die Gegend fährt. Dafür gibt es von der Firma Preiser im Maßstab 1:87 eine sehr große Auswahl an fahrenden Figuren. Ein bisschen zuschneiden, feilen und schon „sitzt" der Fahrer an seinem Platz. Als Klebstoff sollte man beim Figurenfixieren nicht unbedingt einen Sekundenkleber verwenden, da die Figur direkt auf dem Akku festgeklebt ist. Ich habe flüssigen Kunststoff verwendet. Man kann aber auch zum Beispiel einen kleinen Tropfen Silikon benutzen.

Die Originalraupe von Geiger ist mit einem GPS-System ausgerüstet, bei dem die GPS-Antenne in der Mitte des Räumschildes angebracht ist. Mit einem Spiralkabel ist dann die Antenne mit der Raupe verbunden. Dies im Maßstab 1:87 herzustellen war schon eine kleine Herausforderung. Fangen wir erst mal mit dem Spiralkabel an. Dafür wird eine 0,05-mm-Kupferlitze auf einem Schraubendreher ausgewickelt. Für die Antenne habe ich in der Bastelkiste sehr lange suchen müssen. Als Spender wurde von einem alten Fahrwerk einer Kibri-Raupe ein Laufrad abgeschnitten, ein bisschen zugefeilt und anschließend auf einen 0,5-mm-Messingdraht aufgesteckt. Bevor man die Antenne mit gelber Farbe lackiert, sollte man das Ganze mit weißer Farbe grundieren. Danach kann man die Antenne am Räumschild anbauen.

Als Nächstes musste noch der Querneigungssensor an der Raupe angebracht werden. Dies ist ein kleiner gelber Kasten an der Kabine, der im Original die Neigung der Raupe registrieren soll. Im Modell fand ich wieder in meiner Bastelkiste ein passendes Teil auch dafür, welches dann an der rechten Seite der Fahrerkabine angeklebt wurde.

Als Letztes wurden noch von einem Herpa-Modell die Außenspiegel passend für die Raupe zugeschnitten und angeklebt. Somit waren die Arbeiten für eine Detaillierung an dem Modell abgeschlossen.

Ich habe festgestellt, dass sich die Herpa-Raupenketten nach längerer Standzeit verformen. Das ist aber nicht weiter tragisch. Ein kleines heißes Wasserbad und danach sind sie wieder in Form.

Kaum zu sehen, aber unter dem Schalter wurde die Ladebuchse eingebaut

Kleine Details heben das Modell von anderen ab

Die Planierraupe wird mit einem Tieflader-Sattelzug zur Baustelle gebracht

Auf zum nächsten Einsatz

3.6 Maschinentransport (Schwertransporter mit Tiefbettauflieger)

Wie bekommen wir eine Baumaschine zu einer neuen Baustelle? Ganz einfach, mit einem Schwertransporter! Aber es sollte auch ein Transportmittel sein, das wir im Alltag öfter sehen. Hier fiel meine Wahl auf einen Volvo 4achs Schwerzugmaschine mit Nooteboom Tieflader von Herpa. Zum einen wollte ich mal nicht gerade einen MAN oder Scania als Zugmaschine umbauen und zum anderen gefiel mir das Design des Schwertransporters.

Kommen wir mal zum Lastenheft für dieses Projekt. Der LKW sollte Fahrfunktionen und Licht beinhalten. Aber es soll auch möglich sein vorbildgetreu die Zugmaschine mit Schwanenhals vom Tieflader zu trennen. Zudem sollten die Achsen des Tiefladers lenkbar sein. Und als Letztes wollte ich in diesem LKW ein neues Antriebskonzept mal ausprobieren. So betrachtet, da war dieses Projekt eine echte Herausforderung.

Damit bekommt man jede Baumaschine bewegt

▸ Einfach hergestellt: Mit dem Röhrchen am Planetengetriebe kann der Antrieb im Auflieger leichter wippen

▾ Durch diesen Durchbruch im Schwanenhals wird später der Antrieb für den Hub des Aufliegers durchgeführt

▾ Das Eigenbauservo passt genau in den Tieflader

Dank der Vorbereitung von Herpa ist das Umsetzen der Lenkfunktion im Tieflader recht einfach

Umbau Zugmaschine

Fangen wir mal mit dem leichteren Teil des Projekts an. Als Erstes wird die Vierachs-Zugmaschine bis auf den Rahmen zerlegt. Für die einzelnen Kotflügel habe ich von Herpa-Zubehör einen durchgehenden Dreifach-Kotflügel am Rahmen angeklebt. Der Grund dafür ist, dass später die zweite Lenkachse mehr Platz für die Lenkausschläge hat und dieser Kotflügel als Stütze für den Schwanenhals benötigt wird, wenn die Zugmaschine vom Tieflader getrennt wird. Danach wurden wieder die bewährten Herpa-Lenkachsen im Rahmen eingeklebt. Wenn alles gut getrocknet ist, können die Fräsarbeiten am Rahmen starten. Zunächst wird im vorderen Teil im Rahmen eine Aussparung für das Lenkservo herausgearbeitet. Hierbei sollte man darauf achten, dass das Servo so nah wie möglich am Kühlergrill vom Führerhaus anliegt. Danach kann die Bodenplatte vom Führerhaus angepasst und mit dem Rahmen verklebt werden.

Nun kommen wir zum Antrieb. Hier wollte ich ein neues Konzept ausprobieren. Hierfür werden ein Planetengetriebe 1:136 und fünf Kegelzahnräder mit Modul 0,2 benötigt. Die Kegelzahnräder, die auch für die anderen Baumaschinen verwendet werden, findet man im Sortiment von Lemo-Solar. Prinzip des Antriebs ist, dass das Planentengetriebe mit den Kegelzahnrädern die erste Hinterachse antreibt. Danach soll die zweite Hinterachse mit den weiteren Kegelzahnrädern mit der ersten Achse gekoppelt werden. Hier ist darauf zu achten, dass die beiden Kegelzahnräder auf den beiden Hinterachsen entgegengesetzt angebracht werden, damit diese auch in dieselbe Richtung drehen. Somit hat man in diesem Maßstab ein Antriebskonzept, dass sich kaum von dem größerer Modelle unterscheidet.

Zunächst habe ich aus 1,5-mm-Messingrohren mit einem Innendurchmesser von 1 mm zwei Stücke herausgeschnitten, die von der Länge genau zwischen den beiden Führungen der Achse im Rahmen passen. Danach wurden die ersten beiden Kegelzahnräder auf diese Rohre lose aufgesteckt. Die Fixierung der Zahnräder wird erst zu einem späteren Zeitpunkt hergestellt. Somit können wir schon mal die beiden Hinterachsen in den Rahmen einbauen. Die 1-mm-Achse des Modells wird mit dem Buchsenkleber Loctite 648 in den beiden Messingrohren angeklebt. Als Nächstes wird ein Kegelzahnrad auf der Antriebsachse des Planetengetriebes angeklebt und mit einem 0,5-mm-Stift gestiftet. Jetzt kann die Position des Planetengetriebes im Rahmen ermittelt werden und die notwendige Aussparung herausgearbeitet werden. Es ist darauf zu achten, dass das Planetengetriebe mittig im Rahmen liegt. Nun kann auch das erste Kegelzahnrad an der ersten Achse fixiert werden. Ich habe dies in meinem Modell mit Lötzinn an dem Messingrohr angelötet. Aber es gibt auch die Möglichkeit diese Fixierung mit dem Buchsenkleber herzustellen.

Jetzt ist es an der Zeit die Antriebsachse zwischen den beiden Hinterachsen herzustellen. Dazu wird als Erstes der exakte Abstand ermittelt. Man kann den Abstand errechnen oder einfach mit der Schieblehre herausmessen. Nachdem der Abstand ermittelt ist, kommen wir zum Zusammenbau der Zwischenachse. Dazu wird das erste Kegelzahnrad auf die 1,5-mm-Antriebsachse gelötet. Danach habe ich ein 2,5-mm-Stück Messingrohr (Innendurchmesser 1,5 mm) mit der exakten Länge abgeschnitten, sodass es genau zwischen den beiden Kegelzahnräder Platz hat. Danach kann das zweite Kegelzahnrad an die 1,5-mm-Achse angelötet werden. Hierbei ist zu beachten, dass bei den Lötarbeiten nicht das Stück Messingrohr mit angelötet wird. Um dem entgegenzuwirken kann man das Messingrohr leicht einölen. Denn Lötzinn hält nicht auf öligem Untergrund. Aber es kann auch hier der Buchenkleber statt Lötzinn für das Fixieren der

Zahnräder verwendet werden. Danach wird die Zwischenachse in den Rahmen zwischen den beiden Antriebsachsen eingeklebt. Wenn alles gut trocken ist, kann das letzte Kegelzahnrad an der letzten Hinterachse fixiert werden. Hiermit hat man dann ein echtes Wunderwerk als Antrieb für die Schwerlastzugmaschine geschaffen. Und die vorzüglichen Fahreigenschaften werden diesen Aufwand sehr belohnen.

Hier das Hubwerk für den Schwanenhals

Der Antrieb für das Heben des Tiefladers

▲ Diese Kotflügel sind für den späteren Betrieb sehr wichtig. Auf ihnen wird sich später der Schwanenhals abstützen

Im Führerhaus des Volvo ist genügend Platz für die RC-Komponenten

Spindelantrieb für Nooteboom Herpa Tieflader

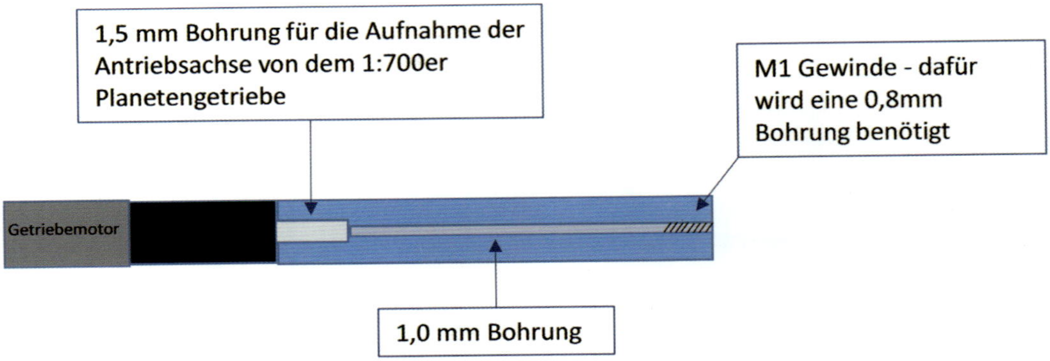

Was noch fehlt sind der Einbau der RC-Komponenten und die Lenkung. Aber diese Arbeiten sollte man nach dem Einbau der Beleuchtung, sprich dem Anbringen der LEDs machen. Denn ist die Anlenkung der Lenkung eingebaut, hat man kaum noch Platz für Verkabelung der LEDs des Hecks. Aber um diesen Abschnitt zu beenden gehen wir davon aus, dass die Beleuchtung schon eingebaut ist. Bei einer vierachsigen Zugmaschine sind die Lenkausschläge der beiden Lenkachsen unterschiedlich. Um dieses Ziel zu erreichen gibt es einen einfachen Trick. Man benötigt einen Messing streifen, der vom Heck des LKW bis zur ersten Vorderachse reicht. Dann wird am hinteren Teil des Streifens ein 1,0-mm-Loch gebohrt. Hier soll später der Streifen am Heck des Rahmens befestigt werden. Danach wird auf den Höhen der der beiden Lenkachsen zwei kleine Schlitze gefräst, sodass die Lenkachsen mit einem Stift über diesen Streifen angelenkt werden. Danach wird dann das Servo über das Ruderhorn die erste Lenkachse ansteuern. Die zweite Lenkachse wird dann über den Streifen mit der ersten Lenkachse mit angesteuert, nur mit dem Unterschied, dass der Lenkausschlag kleiner ausfällt. Somit haben wird zwei unterschiedliche Lenkausschläge beider Lenkachsen. Dieser Unterschied wirkt sich später auf das Lenkverhalten des Modells sehr positiv aus.

Eigenbauservo für den Tieflader

Von MZR gab es einen Umbausatz, mit dem man aus einem 1:700er Planentengetriebe ein Servo umbauen konnte. Im Prinzip wird über eine Halterung ein 10-Kiloohm-Poti auf der Antriebsachse befestigt. Auf derselben Achse wird später auch das Ruderhorn für das Servo seinen Platz finden. Danach werden das Poti und das Planetengetriebe an eine Servoelektronik angeschlossen. Wenn alles richtig angeschlossen worden ist, arbeitet der Umbau wie ein herkömmliches Servo. Sollte es nicht funktionieren, dann ist meistens das Poti oder der Motor verkehrt an der Elektronik angeschlossen. Die Servoelektronik kann man aus einem Mikroservo verwenden. Der Vorteil dieses Servos ist seine geringe Einbaugröße und es passt hervorragend in den hinteren Teil des Tiefladers.

Eine andere Variante des Antriebs

Im Schwerlastturm sind der Einschalter, die Ladebuchse und die Verbindungsbuchse zum Schwanenhals untergebracht

Mit einem Zweikomponentenkleber kann man die Verglasung der Dachscheinwerfer wieder herstellen

Mit einer kleinen Ablage kann man bei hohen Führerhäuser die Elektronik besser verstecken

Umbau Tieflader

Der Nooteboom Tieflader von Herpa hat für uns zwei Vorteile, die den Umbau vereinfachen. Er besitzt schon acht gelenkte Hinterachsen, die miteinander verbunden sind. Und man kann den Schwanenhals leicht vom Tiefbett trennen. Fangen wir mit dem Schwanenhals an. Beim genauen Betrachten erkennt kann, dass am Schwanenhals die Mechanik für ein Absetzen und Abhängen des Tiefbetts vorhanden ist. Was fehlt ist ein Antrieb. Als Getriebe eignet sich wieder das bewährte 1:700er Planetengetriebe, das um einen Spindelantrieb erweitert wird. Dazu habe ich in ein 2-mm-Messing-Rundmaterial als Erstes mit 0,8 mm in der Drehmaschine aufgebohrt. Danach wird dann die Bohrung bis auf die letzten 2 mm auf 1,00 mm erweitert. In diese 2 mm wird später ein M1-Gewinde hineingeschnitten. Auf der dem Gewinde gegenüberliegenden Seite wird die Bohrung noch einmal auf 1,5 mm aufgebohrt, damit dieses Werkstück auf der Antriebsachse des Getriebemotors befestigt werden kann.

In diesen Spindelantrieb wird dann eine M1-Schraube mit Auge hineingedreht. Diese Schraube mit Auge bekommt man bei Modelltechnik Knupfer. Bevor wir den Spindelantrieb in den Tieflader einbauen können, muss aus dem Schwanenhals mittig ein langes Loch herausgefräst werden, damit der Antrieb auch später die Verriegelung des Tiefladers bewegen kann. Hier muss man während den Fräsarbeiten öfters mal den Spindelantrieb ansetzen. Damit der Spindelantrieb auch pendeln kann wurde am Getriebegehäuse ein 1,5-mm-Messingrohr angeklebt. Über einen 1-mm-Messingdraht, der auf dem Schwanenhals befestigt wird, kann der Antrieb jetzt frei pendeln. Die Schraube mit dem Auge wird mit einem 0,8-mm-Draht an der Verriegelung befestigt.

Nun kann man über den Spindelantrieb die Verrieglung verstellen. Dies wird später für das An- und Abkoppeln des Tiefbetts, wie auch das Verstellen des Winkels zwischen Schwanenhals und Tieflader, wenn man mal eine Steigung überwinden muss, verwendet. Damit wir die Arbeiten am Schwanenhals

Mit einer Werkzeugkiste kann man die Überlänge des Hubantriebs ein bisschen verstecken

beenden können, müssen noch die beiden Zapfen am Tiefbett bearbeitet werden. Dazu habe ich die beiden Zapfen mit einer Feile so bearbeitet, dass der Schwanenhals ohne Probleme eingreifen kann, aber trotzdem genügend Halt hat, wenn die Verriegelung den Schwanenhals am Tieflader verriegelt hat.

Nun können wir uns der Lenkung am Tieflader widmen. Wenn wir uns die Lenkung des Tiefladers genauer anschauen, kann man erkennen, dass alle Achsen schon mit Lenkstangen verbunden sind, was für den Umbau von Vorteil ist. Auf der Oberseite des Tiefladers ist auch eine Mulde zwischen den Radkästen, in der später unser Eigenbauservo seinen Platz findet. Als Erstes habe ich alle Lenkachsen vorsichtig auseinandergebaut, damit man die Aufnahmen für die Lenkachsen am Tieflader ein bisschen ausschleifen kann und die Lenkung später leichtgängig ist. Bevor man nun wieder die Lenkachsen samt Steuerung einbaut, sollte man eine kleine Öffnung über dem Querlenker fräsen, wo später das Ruderhorn vom Servo die Lenkstange ansteuern kann. Danach kann man die Lenkung und das Servo einbauen und schon mal die Lenkung testen. Damit wäre der mechanische Teil am Tieflader erledigt.

Damit die beiden Lenkachsen unterschiedliche Einschlagwinkel haben, sollte man diese mechanisch verbinden

Ready to Go!

Mit der ganzen Beleuchtung wirkt der Schwertransporter wie ein kleiner Christbaum

Elektronik

Die Elektronik des Schwertransporters war schon eine Herausforderung. Denn es wollte ja im Betrieb der Tiefbettauflieger von der Zugmaschine getrennt werden können, ohne Hand anzulegen. Dazu wurden aus dem Schwertransporter für die Fernsteuerung zwei getrennte Modelle. Sprich der Tieflader bekam seinen eigenen Empfänger, der dann im Betrieb parallel von der Fernsteuerung betrieben wurde. Dazu sollte man sich aber schon im Vorfeld Gedanken machen, wie die einzelnen Komponenten in den beiden Modellen an den jeweiligen Empfänger angeschlossen werden. Um es besser zu verdeutlichen habe ich hier mal eine kleine Tabelle erstellt.

	Zugmaschine	Tiefbettauflieger
Kanal	Funktionen	Funktionen
1	Lenkung	frei
2	Fahrtenregler	Fahrtenregler für Brems- und Rückfahrscheinwerfer
3	Licht (Licht, Blinker)	frei
4		Lenkung
5	5-Kanal-Schalter	5-Kanal-Schalter
6	frei	Licht (Licht, Blinker, Rundumleuchte)
7	Antrieb Schwanenhals	frei

Wie man sehen kann gibt es beim Licht am Empfänger eine Doppelbelegung. Diese Funktion wird später im Betrieb gleichzeitig von der Anlage angesteuert. Das Lenkservo und das Lichtmodul im Tieflader werden dann in der Fernsteuerung miteinander gemischt, sodass man per Schalter den Mischer wieder deaktivieren kann. Dies ist erforderlich, wenn sich die Zugmaschine vom Tieflader trennt.

Aber fangen wir mit der Zugmaschine an. Servo und Getriebe sind ja schon eingebaut. Nun folgt der Einbau des Akkus und des Empfängers. Beides findet, dank des großen Führerhauses, bequem im hinteren Teil seinen Platz. Den Ein-Aus-Schalter und die Ladebuchse habe ich in den Schwerlastturm integiert. Um eine saubere Verteilung für den Strom zu haben, wurde in der Nähe des Empfängers auf der Rückseite des Akkus eine Verteilleiterbahn für Plus und Minus angebracht. Der Fahrtenregler wurde wieder unterhalb des Rahmens in der Nähe des Getriebemotors eingebaut. Danach wurden die Komponenten mit der Stromversorgung und dem Empfänger verbunden. Somit kann man schon mal eine kleine Testfahrt mit dem Schwerlastzugmaschine machen und gegebenenfalls noch an der Lenkung nachbessern, bevor man mit der Beleuchtung startet.

Jetzt war der Schwanenhals des Tiefladers an der Reihe. Damit man mit der Zugmaschine auch andere Auflieger fahren kann, wurde der Schwanenhals mit einer Steckverbindung mit der Zugmaschine verbunden. Dazu habe ich eine 4polige Buchse in den Schwerlastturm eingebaut, über die der Strom, das Signal für den Fahrtenregler und das Licht zum Schwanenhals übermittelt werden. Licht ist auch dabei, weil der Schwanenhals

Hier kann man sehen, dass der Schwanenhals von den Kotflügel gestützt werden, damit dieser leicht über den Boden schweben kann

auch über Begrenzungsleuchten verfügt. Wer keine Beleuchtung haben möchte, der kann auch nur einen 3polige Steckverbindung verwenden. Der Fahrtenregler für die Verriegelung wurde auf der Pritsche vom Schwanenhals eingebaut. Danach wurde die elektrische Verbindung hergestellt. Da wir ja noch beim Schwanenhals sind, wurden auch gleich die vier Positionslichter an der Pritsche angeklebt. Dazu wurden vier SMD LEDs 0402 in der Farbe Gelb verwendet. Als gemeinsamer Widerstand der vier LEDS wurde ein 4-Kiloohm-Widerstand in der Leitung für Licht mit eingelötet.

Wegen der geringen Bodenfreiheit des Aufliegers sollte man flache Komponenten verwenden

Der Schwertransporter fährt zum nächsten Einsatzort

Durch die Verwendung von zwei getrennten Empfängern kann man den Tieflader vom LKW ferngesteuert entkuppeln. Somit können originalgetreu die Baumaschinen auf den Tieflader auffahren

Kommen wir zur Beleuchtung an der Zugmaschine. Fangen wir mit dem Führerhaus an. Das Führerhaus hat zwei Positionslampen an der Sonnenblende, dazu kann man die LEDs 0401 verwenden. Dann gibt es hier noch einen Lampenbügel mit vier Scheinwerfern. Hier wurden vier LEDs vom Typ 0402 eingebaut und mit einem Zweikomponenten-Kleber als Glasnachahmung zugeklebt. Mit den beiden Rundumleuchten hatte ich was Spezielles vor, nachdem ich von einem Bekannten einen Rundum-Licht-Tiny bekommen hatte. Dieser Baustein kann getrennt jeweils drei LEDs ansteuern. Sprich wenn man drei LEDs in eine Rundumleuchte einbaut und dann diese richtig an den Baustein anschließt, bewegt sich das Licht im Kreis, wie beim Original. Aber wie bekommt man drei 0402er LEDs in die Rundumleuchte von Herpa rein? Dazu muss man vorsichtig mit einem 1,5-mm-Bohrer die Rundumleuchte von unten aufbohren. Am besten geht dass, wenn man mit 0,5-, 0,8-, 1,0-, 1,2-mm-Bohrern vorbohrt. Aber nicht komplett durchbohren! Danach werden dann drei LEDs in die Rundumleuchte eingeklebt. Der Lichtbaustein für die Rundumleuchten wurde an der Decke des Führerhaus angeklebt und die LEDs der Rundumleuchten angeschlossen. Da dieser Rundum-Licht-Tiny von einem Kanal-Schalter angesteuert werden muss, wurde auch der 5-Kanal-Schalter von Sol-Expert gleich mit eingebaut. Als Vorwiderstand für die LEDs in den Rundumleuchten wurde pro LED ein 150-Ohm- Widerstand eingebaut. Diese wurden direkt an die Pins des Bausteins angelötet. Danach kann man auch die vier LEDs aus dem Lampenbügel mit einem Vorwiderstand von 500 Ohm an einem freien Kanal am 5-Kanal-Schalter anschließen. Somit kann man dann den Lampenbügel separat einschalten.

In die Blende für die Scheinwerfer habe ich je Seite drei 0,8-mm-Löcher für Licht, Fernlicht und Blinker gebohrt. In diese Löcher wurden dann die jeweiligen LEDs eingedrückt und mit der Blende verlötet. Für die beiden Lichter wurden 1-Kiloohm-, für das Fernlicht 300-Ohm- und für die Blinker auch 300-Ohm-Widerstände verwendet. Die

Blinker der Rückleuchten werden später mit den Blinkern von vorn verbunden. Somit spart man sich zwei Widerstände im Modell. Danach wurde die Stoßstange an den LKW angebaut und die Pluspole der LEDs mit der Verteilerleiterbahn verbunden. Der Lichtbaustein für Licht, Blinker wurde unter der Inneneinrichtung des Volvo eingebaut. Danach kann man die Lichter der Stoßstange mit dem Lichtbaustein verbinden, wie auch den Lichtbaustein mit dem Empfänger. Das Fernlicht wird dann mit dem 5-Kanal-Schalter auf einem freien Kanal verbunden. Als Nächstes kamen die vier Begrenzungsleuchten an den Seiten dran. Dazu wurden jeweils zwei LEDs hinter der ersten Lenkachse an den Kotflügel und die anderen beiden LEDs am großen Kotflügel zwischen zweiter Lenkachse und erster Antriebsachse angeklebt. Alle vier LEDs werden dann gemeinsam mit einem 4-Kiloohm-Widerstand an den Lichtbaustein am Ausgang für Licht angeschlossen. Als letztes sind wieder die Rückleuchten an der Reihe. Hier wurden auf jede Seite wieder fünf LEDs angebracht, wie auch beim Geiger-Kipplastzug. Hier kann man auch dieselben Widerstandswerte verwenden wie beim Kipper. Somit wäre die Zugmaschine fertig. Wäre da nicht noch der Lampenbügel am Schwerlastturm. Denn man braucht auch Licht im Dunkel, wenn man den Tieflader abhängen will. In den Nachbildungen der Arbeitsscheinwerfer wurden 0402 LEDs eingebaut und gemeinsam mit einem 1-Kiloohm-Widerstand an dem 5-Kanal-Schalter verbunden.

Kommen wir zum Tieflader. Auf der Unterseite des Tiefenbetts finden der Akku, der Empfänger, der Ein-Aus-Schalter, die Ladebuchse, der Lichtbaustein und der Fahrtenregler seinen Platz. Da die Bodenfreiheit recht gering am Tieflader ausfällt, wurde hier eine 120-mAh-Lipo-Zelle verwendet. Diese ist völlig ausreichend für den Betrieb des Tiefladers. Danach werden alle Komponenten mit dem Empfänger und der Stromversorgung angeschlossen. Bei dem Fahrtenregler gibt es einen Enable Port. Dadurch kann man den Fahrtenregler abschalten, wenn auf diesen Port Masse angelegt wird. In unse-

Fertig verladen können wir den Bagger zum nächsten Einsatzort transportieren

rem Fall wird dadurch auch das Brems- und Rückfahrlicht mit deaktiviert. Dafür müssen wir den Enable Port mit einem 5-Kanal-Schalter auf einen unbelegten Port legen, der auch nicht von der Volvo-Zugmaschine verwendet wird. Damit können wir dann die beiden Lichtfunktionen im Tieflader abschalten, wenn er von der Zugmaschine getrennt wird.

Als Nächstes kommt die Beleuchtung an die Reihe. Beginnen wir mit den Seitenbegrenzungsleuchten. Dazu wurden auf jede Seite oberhalb der Achsen drei gelbe LEDs vom Typ 0402 angebracht, diese werden gemeinsam mit einem 3-Kiloohm-Widerstand mit dem Lichtbaustein am Ausgang für Licht verbunden. Dann kommen die Rückleuchten dran. Hier habe ich wieder 1zu1 die Auftei-

Auch im Dunkel ist der Schwertransporter genügend beleuchtet
Hier kann man sehen, wie die Räder des Tiefladers mitlenken

lung von der Zugmaschine gewählt. Sprich pro Seite fünf LEDs vom Typ 0603. Diese werden mit den gleichen Widerstandswerten mit dem Lichtbaustein verbunden, wie bei der Zugmaschine. Dadurch wird gewährleistet, dass es im beleuchtenden Zustand ein gemeinsames Erscheinungsbild zwischen Zugmaschine und Tieflader gibt. Was fehlt ist die kleine Rundumleuchte am Heck des Tiefladers. Mit einer kleinen Bohrung und einer 0402-LED ist die Funktion schnell hergestellt und wird mit einem 300-Ohm-Widerstand mit dem Lichtbaustein angelötet. Somit ist die Beleuchtung am Tieflader auch abgeschlossen.

40-t-Bagger werden auch im Original mit einem Vierachs-Tieflader transportiert

Programmierung der Fernsteuerung

Dank Computerfernsteuerungen ist heutzutage das Einstellen von Modellen und deren Feinabstimmung kein Problem mehr. Jede Computerfernsteuerung verfügt über freie Mischer, sprich es werden zwei getrennte Kanäle miteinander verbunden. Beim Volvo-Schwertransporter wollen wir zwei Funktionen miteinander mischen. Die Lenkung von Zugmaschine und Tieflader, wie auch die Lichtfunktionen des Lichtbausteins. Dazu werden die Funktionen vom Tieflader mit den Funktionen der Zugmaschine zu 100% miteinander gemischt. Zusätzlich wird in der Anlage programmiert, dass mit einem Schalter der jeweilige Mischer deaktiviert werden kann. Der Hintergrund dafür ist, dass man bei der Lichtfunktion nach dem Trennen des Tiefladers den Mischer deaktiviert und dann anschließend das Licht vom Tieflader abschaltet. Nach dem Ankuppeln von Tieflader und Zugmaschine wird das Licht wieder vom Tieflader separat eingeschaltet und dann der Mischer aktiviert. Dies spiegelt den Vorgang im Original, wenn nach dem Ankuppeln die elektrischen Verbindungen wieder hergestellt werden. Dasselbe gilt auch bei der Lenkung des Tiefladers. Denn es würde komisch aussehen, wenn nach dem Abkuppeln des Tiefladers noch die Lenkachsen einschlagen, wenn die Zugmaschine rangiert. Zusätzlich habe ich das Lenkservo noch zusätzlich auf einen freien Knüppel an der Anlage gelegt, damit ich die Lenkung separat für Rangierarbeiten steuern kann. Damit nicht beim normalen Fahrbetrieb die Lenkung übersteuert wird, wurde in der Anlage auf demselben Schalter für den Mischer der Lenkung noch ein Zusatz einprogrammiert, dass beim Aktivieren des Mischers die Belegung des Steuerknüppels in der Fernsteuerung deaktiviert ist.

Finish

Jetzt stehen noch ein paar Schlussarbeiten an. Wie zum Beispiel das Bemalen der Leitungen unterhalb des Rahmens. Auch die LEDs der Seitenbegrenzung und Rückleuchten wurden mit Tauchlack in den Farben Rot und Gelb angemalt. Was noch bleibt ist die Pritsche. Denn man sieht ja noch das Planetengetriebe und andere Komponenten. Dazu habe ich aus Draht ein Gestell für eine Plane nachgebaut, das auf die Pritsche gestellt wird. Als Plane wurden dann Papiertaschentücher um das Gestell geklebt und mit Farbe angemalt. Auch am Tieflader war ja noch das Servo für die Lenkung der Lenkachsen zu sehen. Dafür habe ich aus Holzleisten einen Holzstapel gebaut, der innen hohl ist. Damit wird das Servo vollständig verdeckt und wie beim Original hat der Schwertransporter Hölzer für das Unterlegen mit dabei. Zum Abschluss spendiere ich dem Schwertransporter noch zwei Preiser-Figuren.

Dank der mechanischen Anlenkung haben wir unterschiedliche Lenkeinschläge der beiden Vorderachsen

CAT
CAT
245 D

Fertig für den Abtransport

3.7 Wechsellader

Abrollkipper oder Wechsellader sieht man im Original fast überall. Ein Abrollkipper hat die Möglichkeit seinen Container am Bestimmungsort abzusetzen und zu einem späteren Zeitpunkt wieder abzuholen oder bei der Lieferung des neuen Containers anderen mitzunehmen. Auch kann der Abrollkipper unterschiedliche Arten von Containern in kurzer Zeit wechseln, wie es bei manchen Feuerwehren der Fall ist. Das Spektrum ist sehr groß.

Der Vorteil ist, dass man für die unterschiedlichsten Aufgaben nur einen LKW benötigt. Der Reiz einen Abrollkipper im Modell nachzubauen liegt in der Technik des Hakens. Denn mit einem Abrollkipper kann man Container absetzen oder zum Ausladen nur kippen.

In der Mechanik des Wechselladers gibt es zwei Grundfunktionen. Die eine ist den Arm mit dem Haken ein und ausfahren zu können und die zweite Funktion ist die Bewegung des Hubgerüsts für das Absetzen des Containers oder das Kippen. Beide Funktionen in einem Modell im Maßstab 1:87 zu realisieren ist schon eine Herausforderung. Insgesamt habe ich zwei Abrollkipper aufgebaut: einen MAN TGX mit Meiller Aufbau der Düsseldorfer Feuerwehr und einen MAN TGS der Firma Geiger. Da beide Modelle gleich aufgebaut sind, werde ich nur hier über den Bau des zweiten berichten.

Wenn man alles richtig aufgebaut hat, kann man die Mulde ohne Probleme kippen

Hier kann man gut die Entriegelung für den Muldendeckel sehen. Diese öffnet erst, wenn die Mulde in einem bestimmten Winkel gekippt wird

Hier kann man die Beleuchtung gut sehen

Dieser Winkel ist völlig ausreichend, um die Mulde komplett zu entleeren

Auch eine beladene hohe Mulde kann der Abroll-Kipper ohne Probleme aufnehmen

Aufbau des Abrollkippers

Bevor ich mit dem Umbau des Abrollkippers starten konnte, waren ein paar Dinge zu klären. Hauptsächlich stand die Planung der einzelnen Funktionen auf der Tagesordnung. Dazu habe ich im Vorfeld einige Ideen in Prototypen aufgebaut und getestet. Dabei sind folgende Lösungen daraus entstanden. Die Kippfunktion des Abrollkippers wird über einen Spindelantrieb erfolgen, der im Rahmen zwischen Führerhaus und Antriebsachsen eingebaut wird. Dafür wurde der Antrieb des Modells verkehrt herum eingebaut. Die Funktion des Hakens erfolgt über die Gegenzugseiltechnik. Zusätzlich bekam der Abrollkipper auch eine Anhängerkupplung, die über einen Seilzug ferngesteuert betätigt werden kann.

Aber beginnen wir mit der Lenkung. Hier habe ich wieder die bewährte Lenkung von Herpa in das Modell eingebaut. Das Servo wurde über der Lenkachse unter dem Führeraus in den Rahmen eingebaut, wie es schon bei dem Kipperlastzug und Schwertransporter erfolgt ist. Diese Vorgehensweise ist bei mir schon Standard. Beim Servo Einbau ist zu beachten, dass zwischen Servo und der Rückwand der Fahrerkabine genügend Platz für die 180-mAh-Lipo-Zelle bleibt.

Danach kam der Antrieb für das Modell an die Reihe. Dazu wurde verkehrt herum ein 1:90er Getriebe mit 7-mm-Motor von Sol-Expert in den Rahmen an der ersten Antriebsachse eingebaut. Die zweite Hinterachse ist eine Nachlaufachse, die bei manchen Abrollkippern sogar mitlenkt. Aber Aufgrund der Größe des Modells war für diese Umsetzung leider kein Platz vorhanden. Damit aber die letzten Hinterräder mitlaufen, wurde für diese Achsen eine Mechanik aus Messing angefertigt.

Diese besteht aus zwei Vierkant-Messingprofilen, in die jeweils im Achsenabstand beider Achsen 1-mm-Bohrungen gebohrt wurden. in den beiden hinteren Löchern wurde jeweils eine M1-Schraube eingelötet, die dann mit einem Kugellager mit der Felge der Hinterachse verbunden wurde. Durch die beiden vorderen Löcher wird die Antriebsachse des Getriebes durchlaufen. Damit die beiden Hinterräder nicht unkontrolliert frei laufen, wurden die beiden Vierkant-Messingprofile mit einer Spurstange aus 1-mm-Messingdraht miteinander verbunden. Damit laufen die beiden Hinterräder mit und wenn einmal eine Steigung angefahren wird, hat die Antriebsachse genügend Grip, da die beiden Hinterräder ja pendeln.

Wem dieser Aufwand zu groß ist, der kann einfach die beiden Hinterräder am Radkasten ankleben. Damit erweckt man den Effekt, dass die dritte Achse geliftet ist. Diese Variante habe ich bei meinem ersten Feuerwehr-Abrollkipper gewählt. Somit wären schon mal die Fahrfunktionen vom mechanischen Teil abgeschlossen.

Mit etwas Zubehör kann man sein Modell etwas aufwerten

Wie beim Original kann bei einer vollen Mulde schon mal der LKW vorne hochsteigen

Die Bewegungsabläufe sind die gleichen wie beim Original

Ganz schön schwer
so eine Mulde

Kommen wir zum Meiller-Abrollaufbau und schauen wir uns das Hubgerüst mal genauer an. Dieses besteht aus zwei Teilen, da es sich in der Mitte abknicken kann. Dies ist beim Abrollkipper auch so erwünscht. Wenn der Wechsellader einen Container aufnimmt und den Haken nach hinten zur Kabine fährt, wird der Container im hinteren Teil des Hubgerüsts verriegelt. Dadurch hat der Abrollkipper die Möglichkeit den Container zu kippen.

Wenn nun der Haken eingefahren und dadurch die Verriegelung gelöst wird, kann durch den Hub des Hubgerüsts der Container abgerollt und abgesetzt werden. Daher kommt der Begriff Abrollkipper. Aber widmen wir uns dem Teil des Hubgerüsts, an dem der Haken eingefahren werden kann.

Dieser Teil des Herpa-Modells wurde komplett durch Teile aus Messing ersetzt. Dazu benötigt man zwei Vierkant-Messingrohre, die von ihren Maßen ineinander geschoben werden können ohne zu verkanten. Dazu gibt es von der Firma Knupfer entsprechende Messingprofile, die exakt ineinander passen. Danach werden die Herpa Teile 1zu1 in Messing nachgebaut. Die Maße dazu kann man von den Original-Teilen abnehmen.

Damit das Messing-Werkstück wieder in die Mechanik des Herpa-Hubgerüsts eingebaut werden kann, wurde eine 1-mm-Welle aus Messing an die Hakenmechanik angelötet, wie auch zwei Messingschrauben, mit denen der Aufbau mit dem Spindelgetriebe gekippt werden kann. Beim Einschub der Hakenmechanik wurde mit einer Trennscheibe ein Schlitz eingeschnitten, damit später das Zugseil genügend Platz hat. Damit für das Seil auch im eingezogenen Zustand noch genügend Platz ist, sollte der Schlitz länger ausfallen als das Gegenstück lang ist.

Was noch fehlt ist ein Befestigungshaltepunkt für beide Seile am Einschub. Dafür wurde im unteren Teil des Einschubs ein 0,3-mm-Stahlstift eingezogen und angelötet. Aus 0,5-mm-Messingdraht wurde ein Haken konstruiert und an die Mechanik angelötet.

Bevor man das Hubgerüst wieder in den Hilfsrahmen des Abrollkippers einbaut, kommt der Spindelantrieb. Wenn man sich das Modell genauer anschaut, dann ist nicht mehr viel Platz für den Antrieb. Daher wurde der Motor mit einer Schnecke und einem 19er-Zahnrad halb hinter das Führerhaus im Rahmen eingebaut. Die Spindel, eine M1-Gewindestange aus Messing, wird über zwei Querstreben mit dem Zahnrad in den Rahmen eingebaut. Der Gewindeblock mit den beiden Schubstangen wurde aus Messingprofilen angefertigt. Die beiden Schubstangen sind zwei 1-mm-Messingrohre. Der Grund dafür ist, dass sich ein Messingrohr leichter biegen lässt als ein Messing-Rundmaterial.

Wenn der Spindelantrieb eingebaut ist und sich auch die Spindel leicht bewegen lässt, kann man das Hubgerüst in den Hilfsrahmen einbauen. Danach wird der Spindelantrieb bis kurz vor dem Anschlag eingefahren und dann beide Hubstangen mit Kupferbuchsen am Hubgerüst angelötet. Hierzu sind einige Fahrtests der Kippmechanik erforderlich, bis man die optimale Position der beiden Hubstangen ermittelt hat.

Als Antrieb für den Haken wurde ein 1:700er Planetengetriebe auf einer Seite des Rahmens eingebaut. Hier ist zu beachten, dass die Antriebsachse gegengelagert ist, da durch das Fahren des Hakens schon eine Belastung auf die Welle kommt. Bei meinem Geiger Abrollkipper, der nach der Euro6-Ausführung von MAN nachgebaut wurde, wurde das Gegenlager in den Euro6-Auspuff eingebaut. Ein Kugellager oder eine Kupferbuchse sind hier völlig ausreichend. Damit die Seile am Rahmen besser geführt werden, wurden am und im Rahmen Messingrohre verbaut. Danach kann man dann die beide Seile einziehen und zum Planentengetriebe führen. Hier sind zwei Dinge sehr wichtig: beide Seile müssen über den Drehpunkt vom Hubgerüst und Hilfsrahmen hinten geführt werden. Zudem ist zu beachten, dass die Seile auf der Antriebsachse des Planentengetriebes entgegengesetzt aufgewickelt werden, damit die Seile im Betrieb immer gegenläufig laufen.

Damit ist der schwierigste Teil des Abrollkippers geschafft. Es fehlt noch die Anhängerkupplung für den Fall, dass wir uns noch einen Anhänger für einen zusätzlichen Container bauen wollen, damit wir im spielerischen Betrieb den Anhänger per Fernsteuerung abhängen können.

Dazu wurde ein zweites 1:700er-Planetengetriebe auf der zweiten Seite des Abrollkippers am Rahmen eingebaut. Auch hier sollte man auf eine Gegenlagerung achten. Danach wurde am Rahmen noch ein Messingrohr angeklebt, das später das Zugseil für die Anhängerkupplung führt. Die Anhängerkupplung besteht aus zwei Teilen. Das eine Teil ist eine Messingstange, die quer im Rahmen eingebaut wird. An dieser Messingstange wird ein Messinghaken angelötet. Über einen kleinen Hebel und das Führungsseil kann dann der Haken geöffnet werden. Damit der Haken wieder auf Ausgangsposition zurückfährt, wurde ein Gummizug an dem Haken befestigt, der wiederum mit dem Rahmen verbunden ist. Das zweite Teil der Anhängerkupplung ist ein Messingblech, das über dem Haken liegt. Dieses Messingblech erfüllt zwei Aufgaben. Die eine Aufgabe ist den Anhänger vor unerwünschtes Abkuppeln zu sichern. Die zweite Aufgabe ist später die Verriegelung der Container beim Kippen zu öffnen. Damit wäre der mechanische Teil abgeschlossen.

Nur noch die Mulde vorfahren, dann kann sie ab transportiert werden

Es gibt eine Vielzahl an unterschiedliche Abroll-Containern, was auch die Einsatzmöglichkeiten erheblich steigert

Man muss schon einiges aus dem Rahmen herausarbeiten, damit später die Mechanik ihren Platz findet

Hier kann man die Einbauposition des Lenkservo erkennen

Die Mulde wird beim Vorfahren mit dem Rahmen verriegelt. Dadurch kann diese ohne Probleme transportiert oder gekippt werden

Wer keine Anhängerkupplung braucht und lieber den freien Kanal zum Beispiel für ein Soundmodul nutzen möchte, sollte zumindest das Messingblech für die Verriegelung anbringen. Bei einem Bekannten hatte ich den Fall: Er wollte keine Anhängerkupplung aber dazu eher ein Soundmodul. Anstelle des Planentengetriebes für die Anhängerkupplung wurde ein Zimo Lautsprecher mit kleiner Bauform an dessen Stelle am Rahmen eingebaut. Das Soundmodul selbst wurde im Führerhaus untergebracht. Man sieht, dass man sogar in so einem aufwendigen Modell noch Platz für ein Soundmodul mit Lautsprecher hat.

Elektronik

Kommen wir zur Elektronik. Der Abrollkipper hat mit den beiden Funktionen des Meillers-Aufbau und der Anhängerkupplung schon drei zusätzliche Motoren, die neben dem Antrieb angesteuert werden müssen. Um Platz im Modell zu sparen, wurde der Deltang Empfänger RX42D32-V5 mit drei internen Fahrtenreglern ausgewählt. Der Empfänger wird wieder unter dem Dach der Fahrerkabine verschwinden. Der Fahrakku wiederum findet seinen Platz hinter der Inneneinrichtung zwischen Lenkservo und Rückwand der Kabine. Wenn man sich beim Mikromodellbau gewisse Standards aneignet, dann fällt das Bauen von Modellen immer leichter und man reduziert die Fehlerquote. Also Akku nach hinten und Empfänger mit einem Hilfsrahmen aus Kunststoffplatten auf der Höhe des Daches befestigen.

Es fehlt noch der Fahrtenregler mit Brems- und Rückfahrlicht. Dieser wurde auf der Rahmenunterseite beim Fahrgetriebe eingebaut. Der Licht-Blink-Baustein wurde im vorderen Teil unter deN Rahmen eingesetzt, wie auch ein zusätzlicher 2-Kanal-Schalter für die Rundumleuchten. Die Rundumleuchten, habe ich schon beim Schwertransporter verwendet. Sprich drei LED werden pro Rundumleuchte eingebaut und dann mit dem Rundumleucht-Tiny verbunden. Dieser wird dann wiederum mit dem 2-Kanal-Schalter geschaltet. Damit wären wir schon bei der Beleuchtung. Die Rundumleuchten sind jeweils mit drei SMD LEDs 0402 ausgestattet und wurden mit dem Rundumleucht-Tiny unter dem Dach eingebaut. Als Vorwiderstand pro LED wurde ein 300-Ohm-Widerstand verwendet. Zusätzlich bekam das Führerhaus zwei Positionslampen an die Sonnenblende. Die 0401-LEDs wurden beide an einen Vorwiderstand mit 7,5 Kiloohm angeschlossen. Hiermit war das Führerhaus versorgt.

Kommen wir zu den Blinkern im Radkasten der Vorderachse. Hier wurde wie beim Kipperlastzug mit Lichtwellenleitern gearbeitet. Auch die Beleuchtung der beiden Stoßstangen wurde 1zu1 zum Kipperlastzug übernommen. Was noch dazu kommt sind die Seitenbegrenzungsleuchten. Insgesamt drei gelbe LEDs vom Typ 0402 pro Sei-

▲ Hier wurde die beste Position des Haken an einem Standardcontainer ermittelt

◄ Für die Abroll - und Anhängerfunktion werden insgesamt drei Getriebe benötigt

te wurden an dem Doppelkotflügel und am Seitenunterfahrschutz angeklebt. Die genaue Position der Seitenbegrenzungsleuchten kann man am Original abgreifen. Alle sechs LEDs wurden mit einem gemeinsamen Vorwiderstand mit 2 Kiloohm mit dem Lichtausgang des Lichtbausteins verbunden. Der Ein/Aus-Schalter und die Ladebuche wurden auf der Unterseite des Rahmens untergebracht.

Aus vielen kleinen Einzelteilen besteht die Mechanik für die Abroll-Funktion

Ich baue immer mehrere Modelle von einen Modelltyp. Damit hat man die Möglichkeit von Modell zu Modell gewisse Kinderkrankheiten zu beheben

Aufbau der Kippmulde mit Verriegelung

Mit dem Abrollkipper kann man ja die unterschiedlichsten Containermulden oder Container bewegen. Vor allem die Mulden sind interessant beim Zusammenspielen mit Abrollkipper und zum Beispiel Bagger. Man kann eine leere Mulde zum Befüllen abstellen und die volle Mulde zum Auskippen zu einem anderen Standort fahren. Aber dabei stört, dass man entweder eine Mulde mit fester Klappe hat – dann muss man die Mulde mit der Hand ausleeren – oder die Klappe ist beweglich, aber dann entlädt sich diese beim Aufladen. Beides nicht schön. Was wir brauchen ist eine Verriegelung der Klappe. Aber diese sollte sich beim Abkippen wieder automatisch lösen, denn ansonsten hätten wir nichts gewonnen. Also brauchen wir eine Verriegelung, die sich beim Abkippen automatisch löst und danach wieder verschließt. Dazu gibt es eine einfache Mechanik, die man an der Mulde anbauen kann.

Ich habe dazu die flache Mulde von Herpa mit einer Klappe versehen. Die an der Mulde angedeutete Klappe wurde dazu mit einer Säge von der Mulde getrennt und mit einem Messingrohr und einem Draht wieder angebaut. Wird die Mulde gekippt, öffnet sich die Klappe. Für die Verriegelung wurde an der Unterseite aus Messingprofile eine kleine Wippe gebaut, die auf der einen Seite einen Haken hat, der die Klappe festhält und auf der anderen Seite eine Stückchen Blech, das dann beim Kippen durch das Blech der Anhängerkupplung bei einem bestimmten Winkel die Klappe öffnet. Damit sich die Verriegelung wieder beim Herunterfahren der Mulde verschließt, sprich wenn der Druck des Messingblechs der Anhängerkupplung nachgibt, wird die Verriegelung mit Gummifäden wieder in die Ausgangsposition zurückgesetzt. Die Gummifäden kann man leicht auf der Unterseite der Mulde verstecken. Damit hätten wird jetzt die Möglichkeit volle Mulden mit dem Abrollkipper aufzunehmen und bei Bedarf diese per Kippen zu entleeren. Alles voll automatisch.

Finish

Das Modell funktioniert jetzt wie gewünscht und wir können es noch ein bisschen verfeinern. Als Erstes wurden alle Kabel und Leitungen im sichtbaren Bereich mit Farbe nachgearbeitet. Danach kann man mit Tauchlack die LEDs der Seitenbegrenzungs- und Rückleuchten anmalen. Man kann aber noch vieles mehr machen. Wenn man sich zum Beispiel die Abrollkipper auf der Straße anschaut, kann man sehen, dass am Rahmen noch vieles mehr ist. Fast jeder Abrollkipper hat auf den Kotflügeln Schaufel und Besen. Diese Dinge findet man im Preiser-Sortiment. Ich habe auf der Beifahrerseite zwischen Führerhaus und dem Doppelkotflügel eine Leiter angebracht, da man dies auch sehr häufig sieht. Auch Bremskeile und ein Feuerlöscher fanden ihren Platz am Abrollkipper. Zum Schluss spendierte ich dem Abrollkipper noch einen Preiser Fahrer sowie Nummernschilder.

Hier kann man die fast fertige Mechanik der Abrollfunktion erkennen

Sauber verlegte Leitungen sind das A und O im Mikromodellbau

Kleiner Lichttest

5-Kammer-Rückleuchten kann man auch im Maßstab 1:87 realisieren

3.8 Liebherr LTM1045 Teleskopkran

Eine große Herausforderung ist der Umbau des Mobilkran LTM1045 von Herpa. Was mich an diesem Modell besonders reizte, war die Umsetzung der Funktion des Teleskop-Auslegers. Ich wollte zudem so viele unterschiedliche Funktionen wie möglich umsetzen. Leider hat sich schon in der Planungsphase gezeigt, dass die Umsetzung aller Funktionen für dieses Modell aufgrund der Größe in der Praxis nicht funktioniert hätte. Daher wurde zum Beispiel auf die Funktion der Stützen komplett verzichtet, da für die benötigten Getriebe im Unterwagen kein ausreichender Platz vorhanden war.

Unterwagen

Begonnen habe ich mit dem Unterwagen, da das Modell in seinen ersten Stunden gleich auf seinen eigenen Füßen stehen sollte. Das Fahrwerk des Herpa-Modells besteht zu 90% aus Metall, was für einen festen Stand im späteren Kranbetrieb von Vorteil ist. Aber dafür sind die Fräsarbeiten am Rahmen eher mühsam.

Das Fahrwerk hat insgesamt drei Achsen. Für die Vorderachse wurde eine Standard-Lenkachse aus dem Faller Car System verwendet. Da das Modell im Vergleich zu anderen ein hohes Eigengewicht hat, wurde als Antrieb auf das bewährte 1:90-Getriebe mit einem 7-mm-Motor von Sol-Expert zurückgegriffen. Dieses Getriebe treibt die mittlere Achse an. Die letzte Achse ist starr und als freie Laufachse eingebaut. Natürlich wäre eine gelenkte Hinterachse wünschenswert. Aber aufgrund der Größe war leider kein Platz für ein zweites Servo vorhanden. Bei den ersten Testfahrten hat sich gezeigt, dass diese zusätzliche gelenkte Achse nicht nötig ist.

Als Erstes zerlegt man das Modell in alle Einzelteile. Diese lege ich immer in eine kleine Schale, damit ich alle Teile von einem Modell zusammen habe.

Mit einem Metall Fräser werden dann die Achshalterungen von der Vorderachse komplett entfernt. Die Halterung für die Mittelachse wird aber noch benötigt, denn diese Achse soll später das Modell antreiben. Zwischen der Vorder- und Mittelachse muss auch noch genügen Platz für das Lenkservo hergestellt werden, wie auch für die Vorderräder, damit später beim Lenken genügend Platz vorhanden ist. Auch für den Antrieb sollte Platz mit der Fräse hergestellt werden. Hier habe ich den Antriebsmotor schräg nach hinter verlegt. Für diese Fräsarbeiten sollte man sich Zeit nehmen. Man sollte zwischen den Arbeiten immer wieder überprüfen, ob der Platz für die Komponenten nun ausreichend ist. Wenn die Arbeiten abgeschlossen sind, wird der Antrieb mit Stabilit Express (2-Komponenten-Kleber) in den Rahmen eingeklebt. Damit die Antriebsachse einen leichten Lauf in der Achshalterung des Rahmens hat, wurde die Achse mit zusätzlichen Kupferbuchsen in der Halterung gelagert. Danach kommt die Lenkachse an die Reihe. Dazu wird die optimale Lage der Vorderachse ermittelt und vor dem Einkleben auf eine waagrechte Lage des Fahrgestells geachtet. Dazu habe ich mir eine kleine Wasserwaage besorgt. Bei der Benutzung einer Wasserwaage für das Ausrichten eines Fahrgestells sollte man beachten, dass auch der Basteltisch im Wasser steht. Ansonsten hätte die Benutzung einer Wasserwaage wenig Sinn. Wenn alles passt, kann die Lenkachse in den Rahmen eingeklebt werden. Zwischen der Mittel- und Vorderachse wurde anschließend das Lenkservo eingebaut.

Die Hinterachse soll ja starr und freilaufend sein. Aber man sollte auch daran denken, dass man eventuell mit dem Modell auch bergauf fahren will. Und dazu sollte sich die Hinterachse in der Senkrechten sel-

Mit ein paar Umbauten am Kran kann man die Getriebemotoren besser verstecken

▲ Damit der Nadelausleger wieder an den Kran passt, wurde dieser in seiner Länge angepasst

ber verstellen können. Ansonsten hängt bei Bergauffahrten die Antriebsachse in der Luft und das Modell steht. Dazu habe ich in die Achsaufhängung der Hinterachse die Nut im Rahmen um 2 mm tiefer eingeschnitten, dadurch kann die Achse um 2 mm das Niveau selber regulieren. Voraussetzung ist natürlich, dass der Motor des Getriebes der Achse genügend Platz lässt. Dies ist auch der Grund dafür, dass das Getriebe schräg in den Rahmen eingebaut wurde. Damit sich

▼ Mit flüssigen Latex kann man die Kontakte des Mikroprozessors isolieren

Alle RC-Komponenten für den Unterwagen wurden ins Fahrgestell eingebaut

die Hinterachse beim Anheben oder Fahren des Modells nicht selbstständig macht, wird die Achse mit zwei Messingösen in Position gehalten. Diese Ösen kann man selbst aus einem 1 oder 1,5-mm-Messingdraht herstellen. Somit wären die Arbeiten am Unterwagen vorerst abgeschlossen. Und wir können uns dem Oberwagen widmen

Oberwagen

Insgesamt werden vier Funktionen für den späteren Kranbetrieb benötigt. Diese vier Funktionen bestehen aus Drehantrieb, Seilwinde für den Kranhaken, Heben und Senken des Auslegers sowie dem Bedienen der Teleskopfunktion des Auslegers. Will man noch die beiden Rundumlichter am Heck mit einer Funktion versehen, dann kommt man auf insgesamt fünf Funktionen.

Für den Drehkranz wurden in ein 38er Zahnrad mit Bund Modul 0,3 zwei Vertiefungen für die beiden Kugellager eingearbeitet. Als Kugellager habe ich 9×4×3 mm mit Bund verwendet. Der Drehbolzen mit einer 3-mm-Bohrung wurde aus einem vollen Werkstück mit der Drehmaschine hergestellt. Danach wurde alles zusammengebaut und die Bodenplatte mit Rahmen mit dem Zahnrad verbunden.

Für den Drehantrieb wurde auf der Beifahrerseite ein 1:2.024er Getriebe mit 4-mm-Motor am Oberwagen eingebaut. Damit kann jetzt der Oberwagen gedreht werden. Als Nächstes kommt die Seiltrommel für den Haken an die Reihe. Dafür habe ich eine kleine Seiltrommel nach dem Vorbild des Modells aus Messing gedreht. Dieses wird dann mit einer 1-mm-Stahlwelle im Oberwagen eingebaut. Am Ende der Stahlwelle wird auf der Fahrerseite ein 19er Zahnrad mit Modul 0,2 angelötet. Dieses wird dann von einem 1:5er Planetengetriebe mit Schnecke angetrieben.

Kommen wir zur Hubfunktion des Auslegers. Betrachtet man sich den Oberwagen, ist nicht mehr viel Platz übrig. Also habe ich mich für eine Zahnrad-Schnecken-Kombination, wie ich sie auch bei meinen Bagger verwende, entschieden. Dazu wird der Ausleger mit einer 1,5-mm-Messing-Achse im Oberwagen eingebaut und mit 0,5-Stahlstiften mit der 1,5-mm-Achse verstiftet, damit der Mobilkran später auch Lasten heben kann. Auf der Beifahrerseite wird wieder ein 19er Zahnrad mit Modul 0,2 angelötet. Mit einem 1:700er Planentengetriebe und einer Schnecke wird dann der Ausleger angehoben. Funktioniert einwandfrei und hat sich in der Praxis sehr bewährt.

Ausleger

Beim Original mit einer Hubleistung von ca. 40 t werden die einzelnen Elemente des Teleskopauslegers separat ausgefahren. Dies würde im Modell bedeuten, dass wird vier Antriebe einbauen müssten, dafür ist das Modell viel zu klein. Daher werden alle Teleskopelemente gleichzeitig ausgefahren. Im Original wird die erste Stufe mit einem Hydraulikzylinder ausgefahren. Die anderen Elemente werden dann mit einer Seilzugtechnik mit ausgefahren.

Im Modell wird die erste Stufe des Auslegers wird mit einem Spindelantrieb ausgefahren. Im Grunde genommen eine einfache Sache. Jetzt wollen wir, dass die 2. Stufe mit der 1. Stufe synchron mit ausgefahren wird. Dies passiert über einen Seilzug, sprich das Seil wird an der vorderen Kante der ersten Stufe umgelenkt. Wenn nun die erste Stufe mit der Spindel ausgefahren wird, dann verkürzt sich das Seil für die 2. Stufe und somit wird die 2. Stufe mit der 1. Stufe herausgezogen. Dasselbe Prinzip passiert mit der 3. Stufe, die mit der 2. Stufe mit herausgezogen wird. Dieses Spiel kann man theoretisch so beliebig weiterbauen mit jeder weitern Stufe.

Aber damit sich ab der 2. Stufe alle weiteren Stufen mit der 1. Stufe wieder zusammenziehen, wird für die entgegengesetzte Richtung auch wieder dieselbe Seiltechnik verwendet. Nur mit dem Unterschied, dass sich das Seil nur beim Einfahren der Auslegers verkürzt. Dazu werden die Seile nicht vorne bei den einzelnen Stufen umgelenkt, sondern hinten. Die Zeichnung soll das Prinzip grafisch darstellen.

Prinzip der Teleskopfunktion mit Seilführung

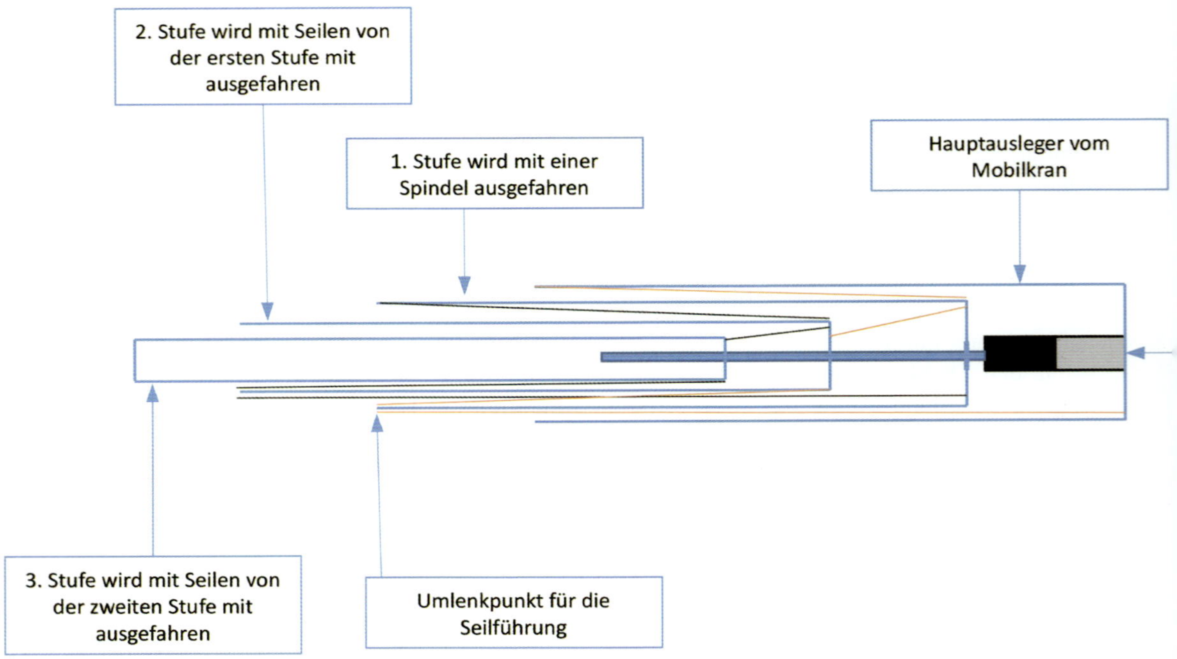

Mit der richtigen Beleuchtung am Modell kann man so ordentlich Eindruck schaffen

Ein erster Funktionstest wird durchgeführt

Mit den drei Stufen des Teleskopauslegers kann man schon eine gute Höhe erreichen

Planetengetriebe mit Spindel

Damit sollten wir dieses Prinzip verinnerlicht haben und können mit dem Umbau des Teleskop Auslegers beginnen.

Wir zerlegen den Ausleger in seine Bestandteile. Damit in Zukunft die einzelnen Stufen leichtgängig gehen, werden alle Stufen an der Außenseite etwas abgeschliffen, damit sie von selbst ineinander fallen können. Danach habe ich an der Ober- und Unterseite jeder Stufe eine kleine Nut für die spätere Seilführung eingeschnitten. Die Seile selbst werden nur an der jeweiligen Kante umgelenkt. Ich habe dafür keine zusätzlichen Umlenkrollen eingebaut, da ohnehin kein Platz dafür wäre. Die letzte Stufe, die ja aus Vollmaterial ist, wurde mit der Drehmaschine mit einer 3-mm-Bohrung versehen. Sie soll Platz für die Spindel schaffen.

Bevor wir nun mit dem Zusammenbau des Auslegers beginnen, müssen die Stufen um die Länge des Planetengetriebes gekürzt werden. Wegen des benötigten Drehmoments für die Teleskopfunktion wurde ein 1:136er Planetengetriebe gewählt. Dieses Planetengetriebe wird mit einer M2-Gewindestange versehen. Dazu wird mit der Drehmaschine ein 1,5-mm-Sackloch eingedreht. In dieses Sackloch wird dann die Antriebsachse des Planetengetriebes mit Sekundenkleber eingeklebt und zusätzlich mit einem 0,5-mm-Stahldraht verstiftet. Damit wäre der Antrieb soweit fertig.

Aus einem 1,5-mm-Kunststoffstück wird die Halterung für die 1. Stufe des Spindelantriebs hergestellt. Dazu wurde das Kunststoffstück so angefertigt, damit es an der Rückseite der 1. Stufe reinpasst. Danach wird dann mittig ein M2-Gewinde in die neue Rückseite eingearbeitet. Damit können wir nun die erste Stufe mit dem Spindelantrieb im Ausleger bewegen. Bevor man die Mechanik fest im Ausleger montiert, sollte man zuvor die Seile für die anderen Stufen in den Ausleger einbauen. An jeder Stufe des Auslegers werden die benötigten Seile angeklebt. Danach werden dann Stufe für Stufe die Seile mit der jeweiligen zuvor liegende Stufe verbunden. Wenn alle Seile richtig verlegt und unter Spannung liegen, kann man mit dem Spindelantrieb den Ausleger komplett mit allen Stufen aus- und wieder einfahren. Damit wäre der Ausleger des LTM1045 fertig und wir können mit der Elektronik und mit dem Fertigstellen des Modells weitermachen.

Immer mit dabei! Das Krangeschirr ist gut in der Box verstaut

▲ Auf der heimischen Modellanlage macht der Mobilkran eine gute Figur

Es ist völlig ausreichend, wenn nur die Vorderachse gelenkt wird

▼ Mit ein bisschen Übung kann man den Kranhaken ferngesteuert aushängen

Elektronik

Wenn man sich das Modell so ansieht, dann haben wir viele Funktionen, die wir bedienen wollen. Aber der Platzbedarf ist sehr gering.

Bevor wir mit dem Einbau der RC-Komponenten beginnen, sollte man sich vorher im Klaren sein, wie man die Komponenten einbauen möchte. Aufgrund der vielen Funktionen im Oberwagen und dem damit resultierenden Querschnitt der Drehdurchführung habe ich mich entschieden zwei Empfänger in das Modell einzubauen. Ein Deltang Rx43d-32 mit drei internen Fahrtenreglern soll in den Oberwagen verbaut werden. Dadurch kann ich drei Funktionen (Teleskopausleger, Hub der Auslegers und Drehfunktion) mit dem Empfänger bedienen. Somit benötige ich für die Seiltrommel nur noch einen Fahrtenregler. Zusätzlich wir am Kanal 5 noch ein Lichtbaustein für die beiden Rundumleuchten am Heck eingeplant. Im Fahrgestell dagegen kommt ein Deltang Rx32d 9-Kanal-Empfänger zum Einsatz. Hier wird auf Kanal 5 wieder ein Lichtbaustein für die Beleuchtung angeschlossen. Somit werden beide Lichtbausteine synchron von der Fernsteuerung angesteuert. Auf Kanal 6 und 7 werden später der Fahrtenregler für die Fahrfunktion und das Lenkservo angesteuert. Über die Funktion „Fluglage“, auch als Ebenen-Funktion bekannt werden später die Fahr- und Kranfunktionen parallel über die beiden Kreuzknüppel belegt. Dann kann man bequem über einen Schalter die Kreuzknüppel entweder mit der Fahrfunktion oder mit dem Kranbetrieb belegen. Der Kanal 5 für die Lichtfunktion wird bei der Fernsteuerung mit einem 3-Stufen-Schalter belegt. Somit sind wir mit der groben Planung fertig.

Bevor wir mit dem Einbau der RC Komponenten beginnen, sollte man vorher schon mal im Modell die LEDs für die Beleuchtung einbauen. In die insgesamt drei Rundumleuchten, wird je ein 0,8-mm-Sackloch gebohrt, in die dann eine gelbe 0402 SMD LED eingeklebt wird. Kommen wir zur Frontbeleuchtung. Wenn wir uns die Fahrerkabine anschauen, dann können wir erkennen, dass wir drei Lampen pro Seite zur Verfügung haben. An den beiden äußeren Lampen wurde jeweils eine gelbe 0402 LED von hinten angeklebt. Die restlichen vier Lampen wurden jeweils mit einer weißen 0402 LED versehen. Damit wir auch bei der Front Begrenzungsleuchten haben, wurden oberhalb zwei weiße 0401 LEDs angebracht. Danach kann man auch schon die eine Rundumleuchte an der Kabine ankleben.

Auf beiden Seiten des Rahmens habe ich insgesamt drei gelbe 0402 LEDs als Begrenzungsleuchten angeklebt. Die Position dieser Leuchten kann man sich im Web sehr gut selber ermitteln. Was noch übrig bleibt ist das Heck. Hier wurden insgesamt zehn 0603 LEDs in den Farben Weiß, Gelb und Rot angeklebt. Die Reihenfolge der LEDs ist wie folgt:

Fahrerseite von außen gesehen

Rot (Rückleuchte)
Gelb (Blinker Links)
Rot (Bremslicht)
Rot (Rücklicht)
Weiß (Rückfahrscheinwerfer)

Beifahrerseite von außen gesehen

Rot (Rückleuchte)
Gelb (Blinker Links)
Rot (Bremslicht)
Rot (Rücklicht)
Weiß (Rückfahrscheinwerfer)

Zum Schluss werden noch die beiden Rundumleuchten am Heck vom Oberwagen angeklebt. Damit hätten wir schon mal die Beleuchtung soweit fertig.

Beginnen wir jetzt mit dem Unterwagen. Das Wichtigste ist der Fahrakku. Eine 180-mAh-Lipo-Zelle von Sol-Expert habe ich unter der Motorhabe untergebracht. Hierzu muss man die Motorhaube etwas ausfräsen. Der Deltang Empfänger Rx32d wurde mit doppelseitigen Klebeband auf dem Lenkservo fixiert. Der Lichtbaustein wurde unter der Fahrerkabine angebracht und mit dem Empfänger verbunden, wie auch vorab das Lenkservo. Der Fahrtenregler fand seinen Platz auf dem Antriebsgetriebe und wurde auch schon am Empfänger angeschlossen. Danach wurden alle Lichter vom Rahmen mit dem Lichtbaustein und dem Fahrtenregler (Brems- und Rückfahrlicht) miteinander verdrahtet. Hier noch eine kleine Übersicht von den verwendeten Vorwiderständen, die immer zwischen der RC-Komponente und der LED in Masse eingelötet wurde. Dabei kann man auch mehrere LEDs mit einem Vorwiderstand betreiben:

6× Begrenzungsleuchten an der Seite	1× 4-Kiloohm-Widerstand
4× Rücklicht	1× 2-Kiloohm-Widerstand
4× Fahrlicht vorne	1× 500-Ohm-Widerstand
2× Begrenzungslicht vorne	1× 2-Kiloohm-Widerstand
2× Blinker pro Seite	2× 300-Ohm-Widerstand
3× Rundumleuchte	3× 150-Ohm-Widerstand

Wenn alle Leuchten mit den jeweiligen Komponenten verbunden sind, können wir mit der Stromversorgung anfangen. Der Ein-Aus-Schalter und die Ladebuchse haben ihren Platz auf der Unterseite gefunden. Danach gehen wir mit dem Plus-Pol des Akkus auf den mittleren Pin des Schalters. Danach verlegen wir eine Leitung vom Schalter zur Ladebuchse. Von dem letzten freien Pin des Schalters gehen wir zuerst zu einem Stromverteiler. Dazu kann man sich eine zweipolige Leiterbahn auf der Unterseite des Rahmens kleben. Vom Minus Pol legen wir eine Leitung zur Ladebuchse und eine weitere Leitung zum Stromverteiler. Danach werden alle Komponenten des Unterwagens mit dem Stromverteiler verbunden.

Kommen wir zum Oberwagen. Damit man die beiden Empfänger unabhängig voneinander mit der Fernsteuerung binden kann, wurde noch ein zusätzlicher Schalter mit einem Stromanschluss-Stecker zwischen der Stromversorgung Unter- zum Oberwagen mit eingebaut. Somit laufen auch nur zwei Leitungen durch die Drehdurchführung und wir können nun alle Komponenten im Oberwagen mit dem Empfänger verbinden und zusätzlich einen Fahrtenregler und das Lichtmodul gleich mit anschließen.

Finish

Wenn wir uns das Modell so anschauen, dann sind wir sicherlich mit dem Erscheinungsbild, besonders des Oberwagens, noch nicht zu frieden. Am Oberwagen sehen wir alle Getriebe und andere Komponenten der Fernsteuerung. Um das Erscheinungsbild aufzuwerten, habe ich die einzelnen Seiten vom Oberwagen etwas verbaut. Dazu habe ich mir aus Kunststoffplatten für jede Seite kleine Abdeckungen gebaut und in der Wagenfarbe lackiert. Danach noch ein paar Aufkleber dran und fertig. Leider hatte die beim Modell beigelegte Kranspitze keinen Platz mehr am Ausleger. Diese wurde dann mit einem scharfen Bastelmesser wieder auf Maß gebracht.

Beim Unterwagen gibt es an sich nicht viel zu tun. Es wurden nur die einzelnen Leuchten mit Tauchlack angemalt, um die Verglasung der Leuchten zu simulieren. An sich wäre das Modell jetzt fertig und für den Kranbetrieb habe ich mir aus Messingketten und ein bisschen Messingdraht Krangeschirr angefertigt. Dabei ist mir aufgefallen, dass ja auf der Rückseite des Rahmens eine Transportkiste ist. Mit wenig Aufwand wurde der Deckel beweglich gemacht und somit war das Krangeschirr beim Transport gleich mit aufgeräumt.

Auch Baucontainer können mit dem Kran bewegt werden

Gut dass man sein Krangeschirr immer gleich parat hat

Wir bringen den Kran in Arbeitsstellung, denn es gibt heute viel zu tun

Mit dem richtigen Diorama kann man spielerisch die benötigten Baumaterialien auf der Baustelle bewegen

Geiger
Geiger

Kapitel 4: Dürfen es ein paar Funktionen mehr sein?

4.1 Mehr Zusatzfunktionen am Bagger

Wenn man zum Beispiel einen Zweischalengreifer am Bagger steuern will, benötigt man Zusatzfunktionen. Im großen Vorbild ist das recht einfach. Es werden Zusatzhydraulikleitungen am Baggerarm befestigt und bei der Hydraulikanlage mehr Ventile eingebaut. So ähnlich läuft es auch im Modell ab. Nur mit dem Unterschied, dass wir in unseren Modellen keine Hydraulikanlage haben. Aber die Idee mit den Zusatzleitungen am Ausleger ist nicht schlecht. Bei meinen Baggern habe ich die Zusatzhydraulik immer aus 0,5-mm-Messingdraht nachgeahmt. Messing ist ja ein guter Leiter für Strom. Warum sollte man diese Leitungen nicht für den Betrieb verwenden? Dazu muss aber auch gesagt werden, dass die Leitungen stromführend voneinander getrennt werden müssen. Im Modell kann man das so realisieren, dass als Halterungen für die Hydraulikleitungen Kunststoffleisten verwendet werden. Hier verwende ich immer Kunststoff-Vierkant-Profile mit den Maßen 1,5×1,5 mm. Die werden auf die passende Länge gekürzt und mit 0,5-mm-Löchern versehen. Ich wähle dieses recht große Profil, weil man sich leichter damit tu die Bohrungen anzufertigen. Zudem bietet das 1,5-mm-Profil mehr Halt für die Messingdrähte und an den Anfang- und End-Punkten der Leitungen muss ja gelötet wer-

Aus Messingdraht und Kunststoffprofilen wurde die Verrohrung hergestellt

◂ Hier die Verrohrung des Löffelstiels mit den Kupplungen

▾ Es ist schon ein Aufwand die Verrohrung herzustellen. Aber dafür sieht danach der Bagger viel besser aus

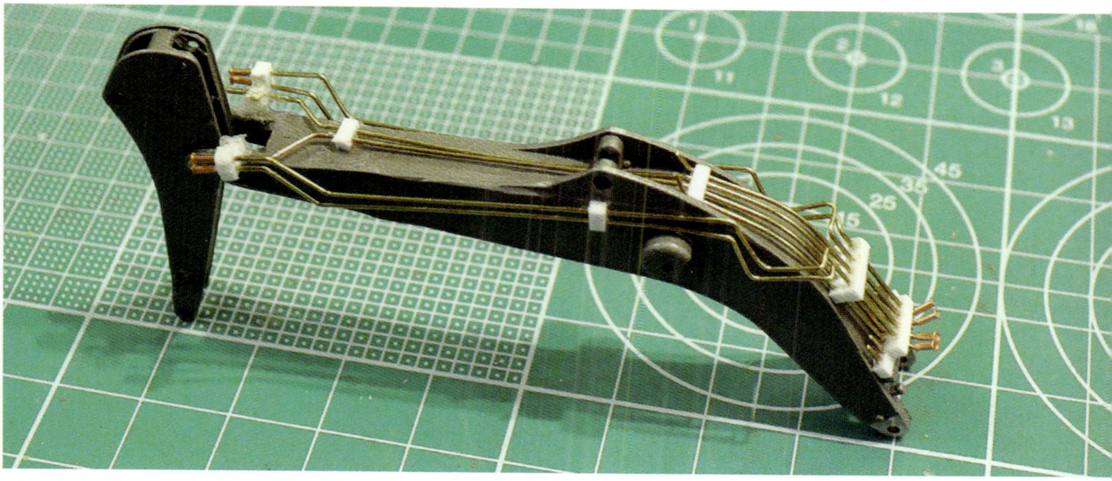

den. Dabei werden die Messingdrähte kurzfristig warm und bei 1-mm-Profil ist von der Halterung dann nicht mehr viel übrig.

Für die Führung der Leitungen habe ich mich immer an das Original gehalten. Das Modell soll ja später authentisch wirken. An den Übergängen wie zum Beispiel vom Monoarm zum Löffelstiel wurden kleine schwarze Kabel angelötet. Am Endpunkt der Leitungen werden kleine Buchsen angelötet, damit man später Steckverbindungen hat und das Wechseln der Anbaugeräte schnell vonstattengeht. Die Buchsen habe ich aus Buchsen-Leisten mit einer Rasterung von 1,27 mm entnommen. Dieselben Buchsen kann man bei den Anbaugeräten als Stecker verwenden. Bevor wir nun die Fahrtenregler anschließen, sollte man vorher noch die Leitungen auf Kurzschlüsse überprüfen. Dies kann man mit einem Durchgangsprüfer ausführen. Danach die Fahrtenregler im Modell einbauen und mit der Zusatzhydraulik verbinden. Nun ist der erste Schritt zu mehr Funktionen mit einem Bagger geebnet.

Hier wird die elektrische Verbindung zwischen Bagger und Anbaugerät über die Kupplungen hergestellt

Sieht fast so aus wie beim Original.

Bei einem Abbruchbagger ist die Verrohrung etwas aufwendiger

4.2 Mehr Funktionen ansteuern als der Empfänger Kanäle hat

Dies ist ein sehr wichtiges Thema, das uns Mikromodellbauer in der Vergangenheit sehr oft geplagt hat, da die damaligen Empfänger meistens nur vier oder fünf Kanäle hatten. Auch mit den heutigen Sieben- oder Neun-Kanal-Empfängern von Deltang gibt es immer noch Situationen, in denen diese nicht ausreichend sind.

Gehen wir mal von der früheren Situation aus, in der wir nur einen Fünf-Kanal-Empfänger haben und einen Bagger ansteuern wollen. Im Bagger haben wir folgende Funktionen:

Kette Links
Kette Rechts
Drehen des Oberwagens
Monoarm
Löffelstiel
Löffel
Licht

Also insgesamt sieben Funktionen, die mit einem Fünf-Kanal-Empfänger angesteuert werden sollen. Es fehlen also zwei Funktionen fehlen. Einen Sieben-Kanal-Empfänger einbauen? Geht leider nicht, da diese für unsere Modelle zu groß sind. Was tun?

Dazu muss man in die Trickkiste greifen. Baggern und Fahren führt man meistens nicht gleichzeitig aus. Also könnte man die beiden Armfunktionen auf das Fahrwerk schalten. Dazu gibt es eine einfache Variante. Ein 2poliges Relais mit Wechselschalter. Dieses wird zwischen Fahrtenregler und den betroffenen Motoren geschaltet. Sprich über das Relais steuern wir, ob nun die Armfunktionen oder die Motoren des Fahrwerks von den beiden Fahrtenreglern angesteuert werden. Das Relais selbst wird dann über einen Zweikanal-Schalter angesteuert und den zweiten Kanal vom Schalter kann man dann für das Einschalten der Arbeitsscheinwerfer verwenden. Somit haben wird sieben Funktionen mit einem Fünf-Kanal-Empfänger realisiert.

siehe Zeichnung auf der nächsten Seite

Heutzutage geht so eine Schaltung eleganter. Mit der Entwicklung des Fahrtenreglers Motor-Tiny2 wurde neben dem Brems/Rückfahrlicht auch noch eine zusätzliche Funktion implementiert, der Enable Port. Mit diesem Port kann man die Endstufe des Fahrtenreglers deaktivieren, wenn dieser gegen Masse geschaltet wird. Somit spart man sich den Einbau eines zusätzlichen Relais und man könnte theoretisch beliebig viele Fahrtenregler dieses Typs in das Modell einbauen. Begrenzt wird das Ganze nur durch die Anzahl von freien Schaltkanälen. Sehen wir uns mal ein Beispiel an, bei dem man mit einem Empfängerkanal zwei Fahrtenregler bedienen will. Dazu benötigen wir aber zusätzlich einen Kanal für ein Schaltmodul wie den 2-Kanal-Schalter und zusätzlich eine kleine Transistor-Schaltung, damit man mit einem Schaltkanal zwischen den beiden Fahrtenreglern wechseln kann.

siehe Zeichnung auf der nächsten Seite

Wie man sieht ist die Schaltung recht einfach aufgebaut. Die Transistorschaltung kehrt das Signal um. Dadurch wird der eine Motortiny deaktiviert, wenn kein Signal am Transistor anliegt. Wird ein Masse-Signal auf den Transistor gelegt, wird derselbe Motortiny aktiviert. Dadurch dass der zweite Motortiny direkt am Ausgang des Zweikanal-Schalters parallel zur Transistorschaltung angeschlossen ist, sprich wenn Masse auf den Transistor kommt, wird dieser deaktiviert. Dadurch kann man mit dieser Schaltung zwischen zwei Motortinys hin und her wechseln, obwohl beide dasselbe Signal vom Empfänger bekommen. Diese Schaltung ist sehr platzsparend und passt fast in jedes Modell.

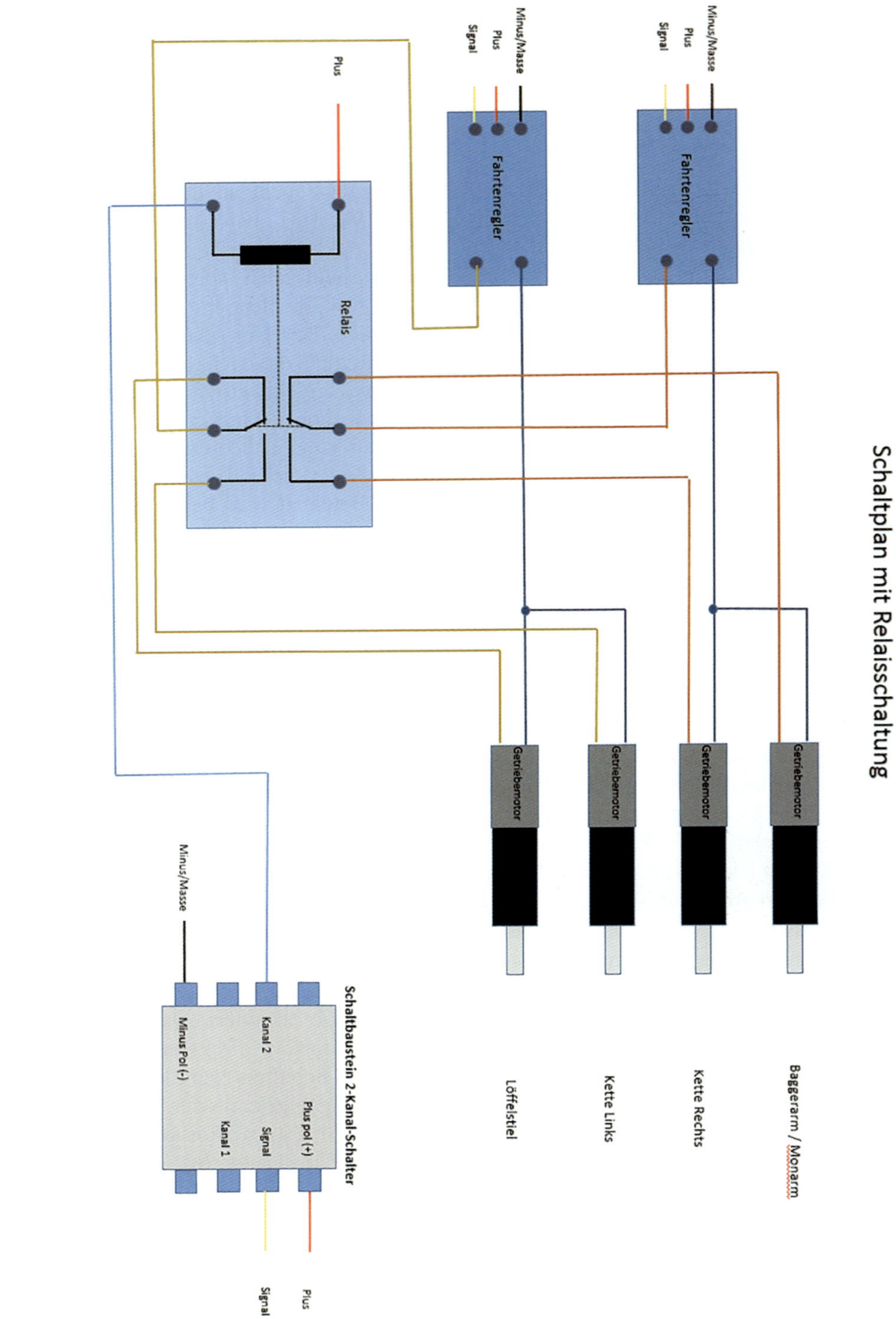
Schaltplan mit Relaisschaltung
Minus/Masse
Plus
Signal
Fahrtenregler
Minus/Masse
Plus
Signal
Fahrtenregler
Plus
Relais
Getriebemotor
Getriebemotor
Getriebemotor
Getriebemotor
Baggerarm / Monarm
Kette Rechts
Kette Links
Löffelstiel
Schaltbaustein 2-Kanal-Schalter
Plus pol (+)
Signal
Kanal 1
Kanal 2
Minus Pol (-)
Minus/Masse
Plus
Signal

Schaltplan für Motortiny2 Schaltung

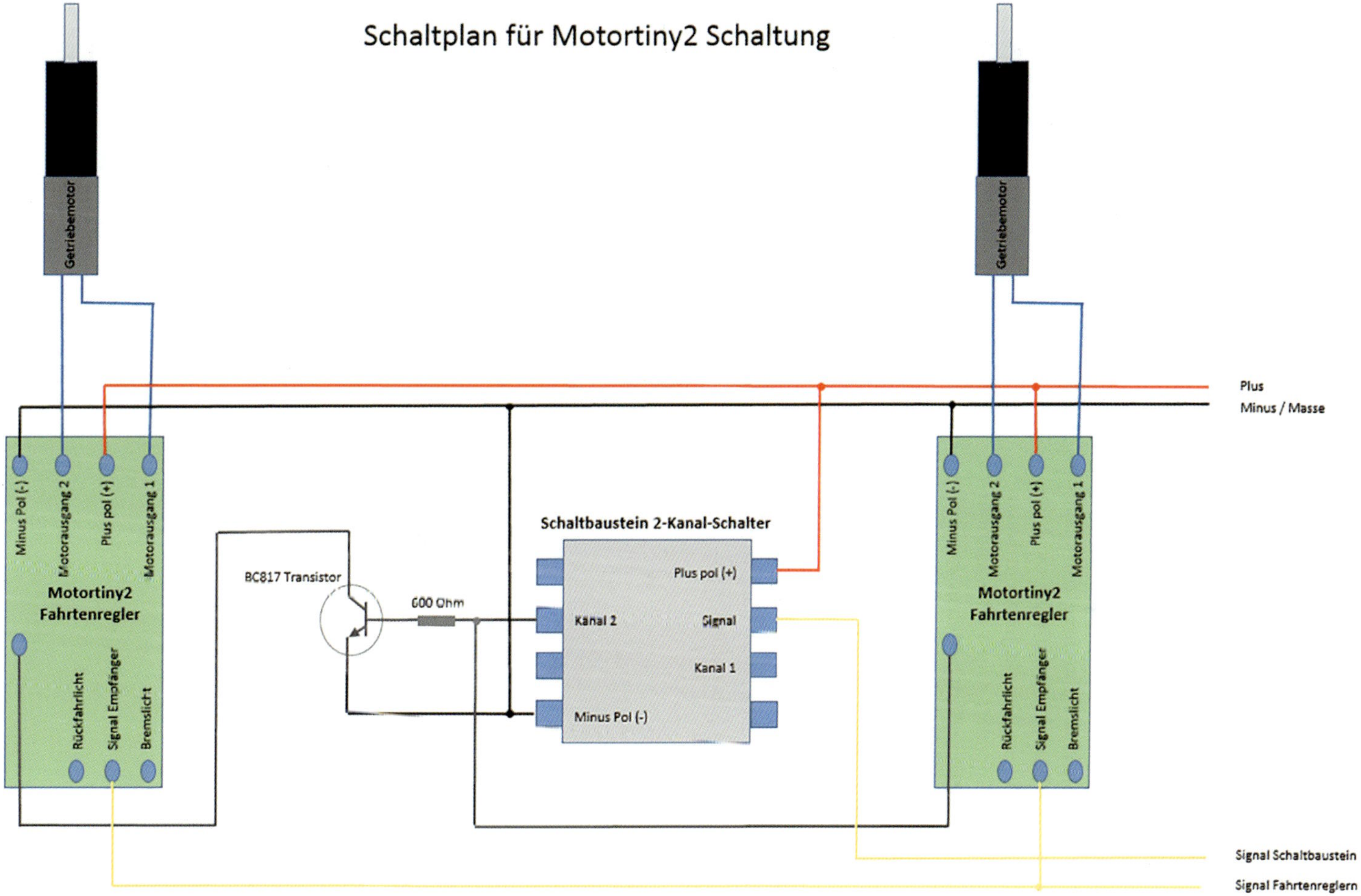

Eine weitere Möglichkeit wäre ein Relais zwischen den Signalleitungen zu schalten. Theoretisch ist dies auch möglich, nur in der Praxis kaum anwendbar. Der Grund dafür liegt in der Technologie der Fahrtenregler. Beim Einschalten des Empfängers sendet dieser am Anfang ein Signal aus, damit sich im Beispiel eines Servo dieses in Mittelstellung bewegt. Dieses Signal wird auch am Anfang von den Fahrtenreglern ausgewertet, um die Mittelstellung oder die Neutralität zu ermitteln. Würde jetzt ein Relais zwischen den Signalleitungen vom Empfänger zu den Fahrtenreglern bestehen, kann der abgeschaltete Fahrtenregler seine Neutralstellung nicht ermitteln. Dadurch könnte es zu unerwünschte Effekten im Modell kommen. Dasselbe passiert auch, wenn man nur die Stromzufuhr der Fahrtenregler mit einem Relais steuern möchte. Also ist diese Art vom Wechsel zwischen zwei Fahrtenregler unbrauchbar für den Mikromodellbau.

Kapitel 5: Nette Ergänzungen zum Baggeralltag

5.1 Zweischalengreifer

Ein typisches Anbaugerät bei Baumaschinen ist ein Zweischalengreifer. Diese gab es schon zu Seilbaggerzeiten. Im Gegensatz zu dieser Zeit sind die heutigen Zweischalengreifer hydraulisch angetrieben und verfügen über eine zusätzliche Drehfunktionen. Auch kann man mit einem Hydraulikbagger mit Zweischalengreifer besser baggern als mit den Seilbaggern aus Pionierzeiten. Der Grund dafür liegt darin, dass mit den heutigen Baggern mehr Druck auf den Greifer beim Schließen ausgeübt werden kann.

Im Maßstab 1:14,5 ist so ein Zweischalengreifer ein beliebtes Anbaugerät für einen Bagger. In den meisten Fällen ist dieser komplett hydraulisch angetrieben. Aber im Maßstab 1:87 sieht die Welt ein bisschen anders aus. Als Grundmodell für den Umbau habe ich einen Zweischalengreifer aus dem Artikel

Es gibt unterschiedlichste Anbaugeräte für die unterschiedlichsten Aufgaben

Je mehr unterschiedliche Anbaugeräte man für seinen Bagger hat, desto vielseitiger kann man ihn einsetzen

Sortiment von „Stephan's Modell- & Traktorarbeiten" genommen. Das Basismodell ist für einen Umschlagbagger gedacht, den man häufig in Hafenanlagen findet. Da aber unser Bagger ohnehin in der 50-t-Klasse ist, passt dieser Zweischalengreifer sehr gut zum Modell. Wie sollen die beiden Schalen geschlossen werden? Das Prinzip ist einfach. Mit einem Planetengetriebe und einer Schnecke werden zwei Zahnräder angetrieben, an deren Achse die Schalen befestigt werden. Der Vorteil eines Schnecken-Getriebe liegt darin, dass an allen Seiten der

Mit der Zeit bekommt man eine stattliche Auswahl an Anbaugeräten in seinen Bestand

Für den Abbruch benötigt man das richtige Werkzeug

Schnecke die Zahnräder immer in der gleichen Richtung bewegt werden. Zurück zum Modell. Als erstes habe ich die Standardaufhängung vom Mittelteil des Greifer getrennt, sodass nur noch das Bauteil übrig bleibt, an dem die beiden Schalen befestigt werden. Danach wird mittig eine 4-mm-Bohrung gebohrt und das Planentengetriebe mit flüssigem Kunststoff oder Stabilit Express daran angeklebt.

Nach dem Aushärten des Klebstoffs werden von jeder Seite Schlitze gefräst, sodass später die Zahnräder in die Schnecke eingreifen kön-

nen. Nach einer Kalkulation des Achsabstands der beiden Schalen und unter Berücksichtigung der Schnecke kam ich zu dem Ergebnis, dass die Zahnräder 15 Zähne haben sollten. Somit wurden zwei Achsen mit jeweils einem 15er Zahnrad eingebaut, nachdem auf der Antriebsachse des Planetengetriebes eine Schnecke befestigt wurde. Bevor die beiden Schalen an den Achsen befestigt werden, wurde das Getriebe auf Funktion getestet.

Kommen wir zur Drehfunktion. Dazu habe ich eine Kappe aus Messing angefertigt, die auf einer Seite eine 1-mm-Bohrung und auf der anderen Seite ein 6-mm-Loch aufweist. In das 1-mm-Loch wurde eine Stahlwelle eingelötet, an der später das Getriebe für das Drehen befestigt wird. Im 6-mm-Loch wird das Planetengetriebe samt Greifer befestigt. Für den Drehantrieb wurde das kleine 1:2.024er Getriebe mit 4-mm-Motor von Mikroantriebe verwendet. Dieses Getriebe ist perfekt für solche Spezialfunktionen geeignet. Die Stahlwelle des Greifers wird in das 2.000er Getriebe eingesteckt. Auf der gegenüberliegenden Seite wurde noch das Knickgelenk aus dem Greifer Bausatz mit Stabilit Express an das Drehgetriebe angeklebt. Hier sollte man mit Vorsicht

Das wohl meist gesehene Anbaugerät für einen Bagger – den Zweischalengreifer

arbeiten, denn das Getriebe hat offene Stellen, in die sehr leicht Klebstoff hineinlaufen kann und damit das Getriebe zerstört.

Was noch fehlt ist eine Anbauplatte für den Schnellwechsler und die Anschlussleitungen. Da an meinen Baggermodellen ein Schnellwechsler-System von Marcus Langer ist, wurde auch eine Anbauplatte von ihm an dem Kreuzgelenk befestigt. Um das Erscheinungsbild der Greifers noch aufzuwerten, wurden

Zum Kanalaushub ist der Zweischalengreifer sehr gut zu verwenden

Mit einer Schnecke werden beide Schalen gleichzeitig bewegt

Mit einem Schnellwechsler und den Kupplungen kann ein Anbaugerät schnell gewechselt werden

mit 0,5-mm-Messingdraht kleine Hydraulikleitungen nachgebildet, die zudem auch noch die Aufgabe als elektrischer Leiter erfüllen. Die Verbindung zwischen Bagger und Greifer wurden mit Anschlussleitungen und einem Stecksystem verwirklicht. Danach kann man den Zweischalengreifer lackieren und mit dem Baggerspaß beginnen. Wie man sieht hat man mit wenig Aufwand den Spielwert eines Baggers erheblich gesteigert.

▲ Das 1:700er Planetengetriebe hat so viel Kraft, dass beide Schalen im Sand geschlossen werden können

Auch ein LKW kann mit einem Zweischalengreifer beladen werden

5.2 Sortiergreifer

Ein Sortiergreifer ist ein Anbaugerät, welches man sehr oft beim Abriss von Häusern beobachten kann. Der Greifer ist ein Universalwerkzeug. Man kann damit unterschiedliche Materialien sortieren oder diese auf LKWs oder Eisenbahnwaggons verladen. Auch beim Böschungsbau mit großen Steinen werden Sortiergreifer eingesetzt. Im Modell ist dieser Greifer genauso vielseitig einzusetzen.

Als Basismodell dient hier der Sortiergreifer von Marcus Langer. Zuerst wurden die beiden Schalen aus dem Fräsrohling befreit, gesäubert und nach Anleitung zusammengebaut. Als Antrieb für den Greifer wurden dazu die mechanischen Teile des kleinen Spektrum Linear Servos von der Platine abgeschraubt und auf einer Bodenplatte befestigt, die von den Abmessungen zu den beiden Seitenteilen des Greifers passte.

Hier ist zu beachten, dass die beiden großen Zahnräder ineinander greifen, damit sie immer in entgegengesetzter Richtung laufen. Die beiden Antriebsmotoren der Mechanik wurden demontiert und gegen einen längeren 4-mm-Motor getauscht. Ein Motor ist völlig ausreichend. Danach wurden die beiden Seitenteile an der Kunststoffplatte so befestigt, dass die Mechanik nach unten schaut. Danach kann man die beiden Schalen an der Bodenplatte befestigen und mit 0,5-mm-Stahldraht an der Mechanik anschließen. Somit ist die erste Funktion fertig. Als nächstes kommt das Drehgetriebe an die Reihe. Dazu wurde ein 1:2.024er Getriebe von Mikroantriebe – das gleiche Getriebe wurde schon beim Zweischalengreifer verwendet – auf der Bodenplatte des Greifers befestigt. An die Antriebsachse wird dann die Anbauplatte für den Schnellwechsler angebaut. Damit auch hier das Erscheinungsbild aufgewertet wird, wurde das Drehgetriebe ein bisschen mit Kunststoffplatten verkleidet und auch wieder hydraulische Leitungen mit 0,5-mm-Messingdraht angebracht. Danach wurde der Sortiergreifer im typischen Blau von LST lackiert und die Decals, die dem Bausatz beiliegen angebracht.

Noch ein paar Anschlussleitungen mit Stecker-System, fertig ist neue Anbaugerät. Mit diesem Sortiergreifer kommt nie Langeweile auf, weil man mit Ihm sehr viele Dinge bewegen kann.

Erste Funktionstest mit dem Sortiergreifer

Die beiden Spindeln sind mit dem gleichen Motor verbunden

Mit kleinen Messingleitungen kann die Stromführung am Anbaugerät ausgeführt werden

Fertig aufgebauter Sortiergreifer

Wenn die Kraft des Sortiergreifers nicht ausreicht, kann man ihn auch mit zwei Motoren betreiben

Mit Farbe kann man manche Dinge am Modell leicht verstecken

Dank der Drehfunktion am Sortiergreifer kann man das Ladegut sehr gut ausrichten

Mit dem Sortiergreifer kann man auch Holz verladen

Den Sortiergreifer kann man vielseitig nutzen

5.3 Rotierender Sieblöffel

Ein rotierender Sieblöffel ist ein recht ungewöhnliches Anbaugerät und dient in erster Linie dem Sieben von Sand. Die Idee dazu kam mir, als Fumotec einen rotierenden Sieblöffel für einen Bagger im Maßstab 1:14,5 vorstellte.

Der Aufbau ist recht einfach. An einem Baggerlöffel befindet im hinteren Teil ein kreisförmiges Siebelement, das durch einen Antrieb rotieren kann. Dadurch wird der Sand durch die Rotation von den Steinen getrennt. Fangen wir mit dem Siebelement an. Dazu habe ich als erstes aus einem feinen Gitter aus Weißmetall einen Streifen herausgeschnitten, welcher dann über ein Alu Rundmaterial gespannt wurde. Danach wurden die beiden Enden miteinander verlötet. Aus demselben Gitter wurde ein quadratisches Stück für das Siebelement geschnitten und auf das andere Gitter aufgelötet. Dann habe ich das Siebelement mit dem Alurundmaterial in die Drehmaschine eingespannt und in die Bodenplatte mittig ein Loch für die Aufnahme einer Kupferbuchse gebohrt. Die Kupferbuche dient später für die Aufnahme der Antriebsachse. Auch diese wurde mit dem Siebelement verlötet.

Nun kommen wir zum Löffelelement. Dazu habe ich eine alte Baggerschaufel von Herpa aus der Bastelkiste verwendet. Bis auf

Aus einem feinen Metallgitter wurde die Siebtrommel angefertigt

die Schneide des Löffels und die Aufnahme für den Schnellwechsler wurde alles andere entfernt. Danach wurde eine Kunststoffplatte an den Löffel angeklebt. Nach dem Aushärten des Klebers wurde eine kreisrunde Form aus der Bodenplatte herausgefräst, sodass das Siebelement sich später leicht darin bewegen kann. Denn diese Bodenplatte dient später als Führung. Als Nächstes wurden aus Kunststoffprofilen ein Bügel für die Aufnahme des Getriebes und des Siebelements an den Löffel angebaut.

Nun können wir mit dem Zusammenbau beginnen. In den Bügel wurde mittig ein 3-mm-Loch gebohrt, in das zwei Kugellager für die 1-mm-Stahlwelle eingepresst werden. Der Antrieb für den Sieblöffel besteht aus zwei Komponenten: einem 6-mm-Motor und einem 1:15er Getriebeblock von Mikroantriebe. Beides wurde an den Bügel angeklebt. Danach kann man das Siebelement an der Welle des 1:15er Getriebeblocks befestigen. Somit wäre der mechanische Teil des Sieblöffels fertiggestellt und man kann sich dem Ausschmücken des Sieblöffels widmen. Dazu habe ich das Gestell des Sieblöffels grau angemalt. Das Siebelement selbst wurde nicht lackiert, damit nicht die feinen Öffnungen durch die Farbe verschlossen werden. An den Anschlussleitungen vom Motor wurde wieder ein Stecksystem angelötet. Somit wäre der Sieblöffel fertig und man kann in der Baugrube bequem den Sand von den Steinchen trennen.

▲ Der Sieblöffel noch im Rohbau

◄ Ein Anbaugerät, das nicht jeder hat

Nach dem Sieben wird das grobe Material in einen separaten Container geladen

Nun kann man seinen Sand mit dem Modellbagger sieben

Die Trommel darf ruhig voll sein

Was nach dem Sieben übrig bleibt sind „große" Steine

5.4 Grabenräumlöffel

Den Grabenräumlöffel findet man häufig bei Mobilbaggern, dieser ist breit und meistens auch in seiner Neigung verstellbar. Aber auch an Kettenbagger ist dieser anzutreffen, wenn zum Beispiel Böschungen nachgezogen werden. So einen Löffel mit verstellbarer Neigung wollte ich im Modell für meine Kettenbagger nachbauen.

Als Grundmodell wurde der Grabenräumlöffel von Marcus Langer verwendet. Dieser ist schon mit einer Verstellmechanik ausgestattet. Was noch fehlt ist ein Getriebe zum Verstellen. Dazu habe ich ein Planetengetriebe 1:126 mit einem 4-mm-Motor verwendet. An dessen Antriebsachse wurde ein Spindelantrieb angebaut. Dazu wurde aus Messing ein Zylinder mit dem Außenmaß von 3 mm angefertigt. Auf der einen Seite wurde eine Bohrung mit 0,8 mm für das M1-Gewinde gebohrt und von der anderen Seite mit 1 mm aufgebohrt. Aber bitte nicht mit 1 mm durchbohren. In das 1-mm-Loch werden dann zwei Kupferbuchen mit den Innenmaßen 0,8 mm und 0,6 mm ineinander gesteckt und mit dem Zylinder verlötet. Danach kann man dann mit Sekundenkleber den Zylinder auf das Planetengetriebe kleben. Damit sich der Zylinder ein bisschen bewegen kann und man

Mit einem kleinen Planetengetriebe und einer Spindel kann man den Neigungswinkel des Grabenräumlöffels verstellen

dadurch auf eine Neigungsmechanik für das Getriebe verzichten, sollte zwischen Zylinder und Getriebegehäuse ca. 1 mm Abstand eingehalten werden. Als Kolben verwende ich eine M1-Schraube mit Auge. Damit wäre der Antrieb für den Grabenräumlöffel fertig.

Nun kommen wir zum Einbau des Antriebs. Dazu wird der Grabenräumlöffel zusammengebaut. An dem Gelenkstück werden anstelle des mitgelieferten Bolzens von beiden Seiten Schrauben als Verbindung verwendet. Damit bleibt der Zwischenraum am Gelenk für den Antrieb frei. Als Nächstes wurde am Oberteil des Gelenks mit einem Zylinderfräser Stück für Stück ein bisschen weggefräst, damit der Antrieb mit leichtem Winkel zur Schaufel steht. Danach kann man den Antrieb am oberen Stück des Gelenks ankleben. Es fehlt noch die Verbindung zur Schaufel. Dazu wurde aus 0,8-mm-Messingdraht ein kleiner Bügel angefertigt, der in das Auge des Spindelantriebs eingesteckt wird. Dieser Bügel wird dann an der Schaufel befestigt. Noch ein bisschen Farbe und ein Stecksystem an den Grabenräumlöffel und fertig ist das neue Anbaugerät. Damit kann man nun LKWs beladen oder in der heimischen Kiesgrube schöne Böschungen an den Sandhügeln ziehen.

▸ Mit dem Grabenräumlöffel kann man bestens Böschungen ziehen

Kapitel 6: Zeit für mehr Sound

In den großen Maßstäben ist es ja schon seit Jahrzehnten normal, dass in ein Modell ein Soundmodul eingebaut wird. Am Anfang war es nur der Klang der Hupe, später kam auch noch Dieselgeräusch dazu, bei dem sich der Klang des Geräuschs nach der Drehzahl des Motors reguliert. Später kamen dann noch Zusatzsounds wie beispielsweise Anlasser dazu.

Im 1:87-Bereich waren die Soundmodule und Lautsprecher aber meist noch zu groß. Dies änderte sich vor ein paar Jahren, als die Firma Benedini das Soundmodul TBS Mikro entwickelte. Mit seinen Maßen von 11,5×24,5 mm (16,5 mm gekürzt) war ein Soundmodul auf dem Markt, das in fast jedes 1:87-Modell passte. Damit war der Weg Modelle mit Sound für den Bereich Mikromodellbau geebnet. In den folgenden Unterkapiteln will ich die Einsatzmöglichkeiten dieses Soundmoduls, wie auch die Programmiermöglichkeiten näher bringen. Der Funktionsumfang dieses Soundmodul ist für seine Größe enorm.

Kaum zu glauben, dass in so einem Modell ein Soundmodul mit Lautsprecher verbaut ist

Das Soundmodul lässt sich leicht unter dem Dach eines LKW einbauen

6.1 Programmiermöglichkeiten des TBS Micro Soundmoduls

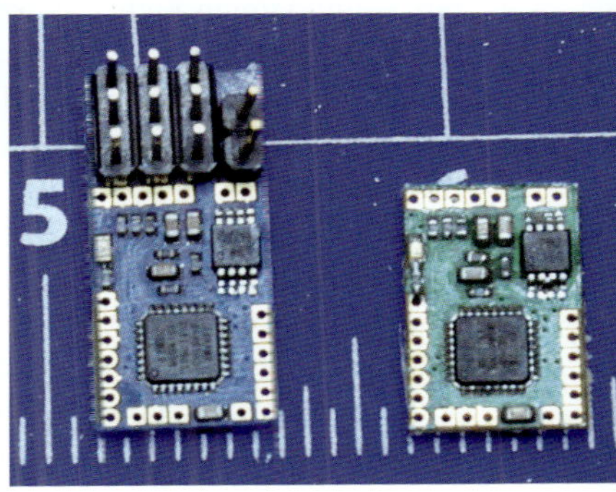

Mit einer Trennscheibe lässt sich das Soundmodul um ein gutes Stück verkürzen – natürlich sehr vorsichtig und unter Verlust der Garantie

Bevor wir mit den Programmiermöglichkeiten des TBS Micro einsteigen, hier noch ein paar technische Angaben.

Abmessungen: 11×23,5×3,2 mm (min.11×16×3,2 mm)
Betriebsspannung: 3 bis max. 5,5 V aus dem Empfänger
Stromaufnahme: ca. 10 mA ohne Soundausgabe
Lautsprecher: 8-32 Ohm
Ausgangsleistung: 1 W an 8 Ohm bei 5 V 0,6 W an 8 Ohm bei 3 V
Proportionaleingänge: positiver Impuls 0,8 bis 2,0 ms
Soundqualität: bis 22,05 kHz Abtastfrequenz

Desweitere hat das Soundmodul drei proportionale Signaleingänge, die zum einen das Signal für den Fahrtenregler abgreifen (Prop1). Der zweite Signaleingang ist optional programmierbar für einen zweiten Fahrtenregler, wenn das Soundmodul in einem Kettenfahrzeug eingebaut wird. Der dritte Signaleingang ist in der Regel für das Ansteuern des Soundmoduls gedacht.

Zusätzlich verfügt das Modul über neun Schaltausgänge, die je nach Programmierung zum Beispiel für Licht oder Blinker benutzt werden können. Jeder Signalausgang ist nur bis 20 mA belastbar. Sollte man größere Verbraucher damit schalten, dann sollte man eine Transistorschaltung dazwischen einbauen.

Mit einem Programmierkabel und der entsprechenden Software, beides erhältlich bei Benedini, kann man das Soundmodul programmieren und auch die Sounddateien auswechseln. Die Benutzeroberfläche der Software ist recht benutzerfreundlich, sodass man mit wenig Übung in der Lage ist auch komplizierte Vorgänge zu programmieren.

Die Programmierung teilt sich in zwei Bereiche. Der eine Bereich behandelt die Verwaltung der einzelnen Sounddateien. Hier sollte man bei den vorprogrammierten Sounddateien nichts ändern. Aber dieser Bereich bietet auch an, selbst Sounds einzustellen und zu verknüpfen. Manche Sounds, wie der Anlasser, sind eine Verknüpfung von mehreren Sounddateien.

Hier werde ich den zweiten Bereich behandeln. Die Verwaltung der Funktionen, wie das Ansteuern eines Sounds oder das Schalten eines Blinkers. Auch die Feinabstimmung zwischen Sound und der Drehzahl des Motors kann in diesem Bereich eingestellt werden. Wir beginnen mit der Soundwahl. Beim Soundmodul werden vier Arten der Bedienung angeboten.

Bedienart mit Kodierer

Von Benedini gibt es für die Bedienung einen Kodierschalter, der in die Fernsteuerung eingebaut und mit einem freien Steckplatz für proportionale Kanäle angeschlossen wird. Mit diesem Drehschalter wird immer eine der zwölf Möglichkeiten, die vorher programmiert wurden, ausgewählt und mit einem Taster kann man dann den gewünschten Sound oder die Schaltfunktion auslösen, beziehungsweise Ein oder Aus schalten. Beim Anschluss sollte der Kanal für diesen Kodierschalter immer an Prop3 des Soundmoduls angeschlossen werden. Bei Pultsendern ist dies leicht möglich, da diese für einen erweiterten Ausbau vorgesehen sind. Bei Handsendern ist das in den meisten Fällen eher schwierig. Für die Steuerung des Soundmoduls ist dieser Schalter aber kein Muss, man kann denselben Effekt auch mit der indirekten Steuerung bedienen.

Bedienart mit indirekter Steuerung

Die indirekte Bedienung des Soundmoduls ist ähnlich wie die Bedienart mit Kodierer. Dazu wird ein Dreiwege-Schalter für proportionale Kanäle in der Fernsteuerung benötigt. Auch hier wird der Kanal vom Schalter mit dem Prop3-Eingang des Soundmoduls verbunden. Über diesen Schalter wird in der einen Richtung die Funktion ausgewählt. In der anderen Richtung wird dann die Funktion ausgelöst. Nehmen wir an Funktion 3 ist die Hupe, dann muss man den Schalter dreimal von der Mittelstellung in die eine Richtung in Ausschlagstellung bewegen und danach einmal in die entgegengesetzte Richtung für das Aktivieren der Hupe.

Bedienart mit direkter Steuerung

Bei der direkten Bedienung kann man nur zwei zuvor programmierte Funktionen ausführen. Die Ansteuerung erfolgt wieder mit einem Dreiwege-Schalter in der Anlage. Hier wird in der jeweiligen Richtung nur die eine entsprechende Funktion ausgelöst. Für die Steuerung des Soundmoduls eher keine Lösung. Man kann allerdings beim Soundmodul die Arten indirekte und direkte Bedienung kombinieren. Zum Beispiel nutze ich bei meinem Volvo-Radlader die indirekte Bedienung, die auf Prop3 angeschlossen ist, für das Auslösen der Soundfunktionen, wie auch das Einschalten vom Fahrlicht oder Rundumleuchte. Mit der direkten Bedienung, die dann auf Prop2 angeschlossen ist, bediene ich die beiden Blinker. In Kombination bieten beide Betriebsarten echten Komfort.

Bedienart mit Autostart

Bei dieser Bedienart wird kein zusätzlicher Kanal für die Bedienung des Soundmoduls benötigt. Aber dafür wird nur das Fahrgeräusch ausgelöst. Sprich wenn das Modell bewegt wird, hört man den Anlasser und das Soundmodul ist in Betrieb. Wenn man dann wieder stehen bleibt, schaltet sich der Sound nach einer gewissen Zeit wieder selbstständig ab. Diese Möglichkeit wird meistens gewählt, wenn man im Modell keine freien Kanäle für das Soundmodul mehr hat.

Die Programmierung mit der Software ist recht einfach. Man startet die Software auf seinem PC. Danach wird eine Verbindung zwischen PC und Soundmodul mit dem Interfacekabel hergestellt und dann mit der Software die Verbindung zum Soundmodul aufgebaut. Ein Punkt ist hier wichtig: Das Soundmodul wird beim Anschluss mit dem Interfacekabel nicht mit Strom versorgt. Hier muss das Soundmodul extra mit Strom versorgt werden.

In der Software selbst kann man dann im Menü zuerst das gewünschte Soundprojekt laden und danach die Einstellungen. Beides sind separate Dateien, die in der Software einzeln geladen werden müssen. Auch das Bespielen des Soundmoduls mit Sound und Einstellungen wird separat ausgeführt.

In der Sektion Einstellungen kann man nun die zwölf freien Plätze mit Funktionen und Soundauswahl programmieren. Hier kann man sich das Modul so einstellen, wie es einem im Betrieb für die Bedienung am liebsten ist. Ich verwende da immer das gleiche Schema:

Funktionsplatz	Funktion bei Straßenfahrzeugen	Funktion bei Baggern
1	Start des Soundmoduls	Start des Soundmoduls
2	Hupe	Hupe
3	Licht 1	Umschalter Fahrwerk
4	Licht 2	Licht vorne
5	Rundumlicht	Rundumlicht
6	Warnblinker	Licht hinten
7	Sound 2	-
8	Sound 3	-
9	Sound 4	-
10	-	-
11	-	-
12	Lautstärke	Lautstärke

Man muss nicht zwingend alle zwölf Plätze des Soundmoduls belegen. Bei Straßenfahrzeugen wird der Blinker über die direkte Bedienart angesteuert.

Auf der rechten Seite der Konfigurationsoberfläche werden die Ausgänge 1-9 eingestellt, die dann auf der linken Seite einem freien Funktionsplatz zugeordnet werden. Für die Ausgänge kann man auch unterschiedliche Betriebsarten auswählen. Ob nun nur Licht oder ein Blinker oder ein Blitzer angeschlossen wird – hier kann man die entsprechende Einstellung auswählen.

Im oberen Teil kann man eine Feinabstimmung zum Zusammenspiel von Motor und Soundmodul oder die voreingestellte Lautstärke konfiguriert werden. Zusätzlich kann man auch hier angeben, ob sich das Soundmodul automatisch einschaltet oder nur manuell aktiviert werden soll.

Danach kann man dann beide Bereiche Sound und Einstellungen auf das Sound-

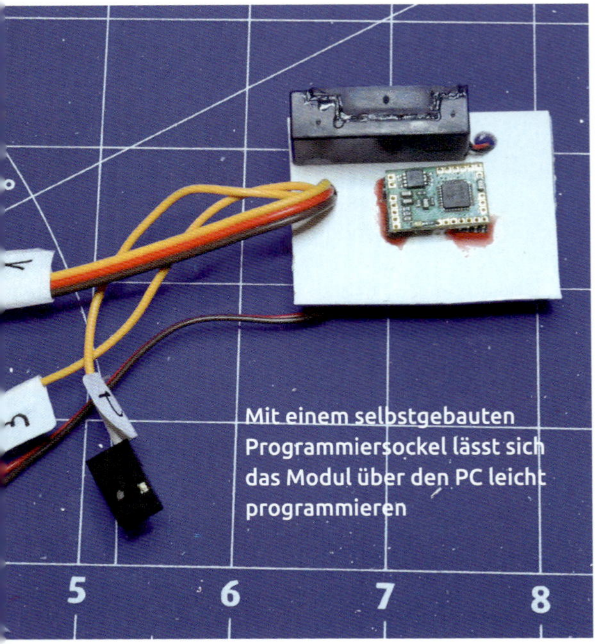

Mit einem selbstgebauten Programmiersockel lässt sich das Modul über den PC leicht programmieren

modul aufspielen und eventuell seine Einstellungen separat auf dem PC abspeichern. Sollte dann irgendeine Einstellung nicht passen, kann diese jederzeit mit dem Konfigurator geändert werden.

Mehr Information für die Programmierung der Benedini Soundmodule kann man von der Webseite www.benedini.de oder dem Handbuch für den Konfigurator entnehmen.

Mit einem USB-Kabel wird die Verbindung zwischen Soundmodul und PC hergestellt

6.2 Lautsprecher für Mikromodelle

Auf dem Markt habe ich bis jetzt nur zwei Hersteller gefunden, die Lautsprecher anbieten, die einen guten Klang haben und aufgrund ihrer Einbaugröße für uns Mikromodellbauer verwendbar sind. Beide Hersteller kommen aus dem Eisenbahnzubehör. Die eine Firma ist ESU und die andere heißt Zimo aus Österreich. Die Lautsprecher, die ich verwende, kommen aus dem Spur-N-Bereich. Die Lautsprecher von Zimo sind rechteckig und besitzen einen Resonanzkörper. Die von ESU gibt es dagegen nur mit runder Bauform. Dafür können diese Lautsprecher dort eingesetzt werden, wo der Zimo wegen seines Resonanzkörpers keinen Platz hat. Die Lautsprecher von beiden Hersteller können bedenkenlos direkt an das Soundmodul angeschlossen werden.

◂ Mit den Zimo-Lautsprecher lässt sich der Traum vom Sound im Mikromodell verwirklichen

▾ In der Regel findet man im Modell immer einen Platz für das Soundmodul

▲ Man sieht von außen nicht, dass im Rahmen ein Zimo-Lautsprecher verbaut ist

◀ Zwischen Rahmen und Seitenverkleidung passt der Zimo-Lautsprecher ohne Probleme

6.3 Sound in einem LKW

Sound in einen LKW einzubauen ist an sich kein Problem. Man findet immer einen Platz für das Soundmodul. Nur beim Lautsprecher gibt es wegen der Einbaugröße ein Problem. Von Zimo gibt es einen Lautsprecher mit den Einbaumaßen 8×12×8 mm. Dieser passt genau zwischen Fahrgestell und Seitenverkleidung bei meiner Scania Zweiachs-Solozugmaschine. Das Soundmodul selbst habe ich unter dem Dach des Führerhauses eingebaut. Der Prop1-Eingang wurde mit dem Ausgang des Empfängers verbunden, wo auch der Fahrtenregler des LKWs angeschlossen ist. Der Eingang Prop3 für die indirekte Bedienung wurde auf einen freien Ausgang am Empfänger angelötet. Danach wurde der Sound von einem V8-LKW auf das Soundmodul aufgespielt. Nach ein paar Feinabstimmungen war mein erster LKW im Maßstab 1:87 mit Sound fertig. Diesen Lautsprecher habe ich auf dieselbe Weise in einem MAN TGX Abroller mit flachem Dach eingebaut.

6.4 Sound in einem Bagger

In einem Bagger ist ja nicht viel Platz für zusätzliche Komponenten, da der Oberwagen ziemlich voll ist mit den Getriebemotoren und deren Fahrtenreglern. Aber man will es nicht glauben, auch ein Soundmodul mit Lautsprecher hat noch Platz.

Bei meinen Baggermodellen habe ich zwei Varianten getestet. In meinem Liebherr Bagger R956, ein Umbau eines Herpa-Baggers, wurden flache Lautsprecher von ESU in der Bodenplatte eingebaut. Bei meinem Komatsu-Bagger kam der Zimo-Lautsprecher zum Einsatz. Das Soundmodul selbst fand seinen Platz neben dem Empfänger. Mit dem Soundmodul steuere ich in den Baggern auch das Licht und das Umschalten zwischen Armfunktionen und dem Fahrwerk. Dadurch spare ich mir einen Zweikanal-Schalter im Modell. Den geplanten Kanal für den Schaltbaustein habe ich dann für das Ansteuern des Soundmoduls verwendet. Die Drehzahlsteuerung am Prop1 wurde auf einen freien Kanal am Empfänger gelegt, der in der Fernsteuerung mit einem Drehpoti belegt ist. Dadurch kann man wie beim Original die Drehzahl des Motorgeräuschs erhöhen. Zusätzlich wurden drei freie Mischer in der Fernsteuerung so konfiguriert, dass beim Betätigen der drei Baggerfunktionen Arm, Löffelstiel und Löffel immer von der Drehzahl ein eingestellter Prozentwert von dem Signal vom Drehpoti genommen wird. Dadurch hat man den Effekt von Leistungseinbrüchen, wenn der Bagger mit der Hydraulik unter Last steht. Dasselbe kann man bei den großen Baggern im Alltag auch beobachten. Man sieht der Aufwand des Einbaus ist nicht so problematisch. Die Programmierung der Fernsteuerung dagegen ist eher aufwendig. Aber wenn man mit der Bedienung der eigenen Computerfernsteuerung vertraut ist, sollte diese Einstellung keine Herausforderung sein.

6.5 Sound in einem Radlader

Bei einer kleinen Reparatur am Modell meines Volvo-Radladers kam mir die Idee gleich ein Soundmodul mit einzubauen. Platz für das Modul selbst war vorhanden. Aber wo soll ich den Lautsprecher nur einbauen? Das Modell war voll mit Technik. Im Führerhaus war noch Platz für einen Zimo-Lautsprecher als Sitz des Fahrers. Der Einbau war in 30 Minuten erledigt. Da ich auch die Lichtfunktionen mit dem Soundmodul testen wollte, wurde auch der Lichtbaustein ausgebaut. Das Soundmodul wurde mit der Sounddatei eines Liebherr-Radladers bespielt und im Konfigurator alle Einstellungen für die Soundauswahl und Lichtfunktionen getroffen. Danach wurde das Soundmodul in den Radlader eingebaut und alles angeschlossen.

An dieser Stelle noch eine Bemerkung. Die Ausgänge A1-A9 sind im Ruhezustand auf high geschaltet. Wenn das Licht im Soundmodul ausgeschalten ist, leuchten alle LEDs. Beim Licht sollte das kein Problem sein, aber beim Blinker oder Blinklicht stört das schon, wenn im Ruhezustand die LEDs leuchten. Hier kann man dieselbe Transistorsteuerung wie vom Bagger verwenden. Dadurch wird das high-Signal in ein low-Signal umgewandelt und die LEDs leuchten im Ruhezustand nicht mehr.

Der Prop1-Eingang wurde parallel an den Fahrtenregler angeschlossen. Der Prop3-Eingang ist wieder für die indirekte Funktionsauswahl und der Prop2-Eingang wurde für das Ansteuern der Blinker-Funktion verwendet. Wie man sieht hat ein Soundmodul auch Platz in einem Radlader und man kann sich mit dem Einbau des Soundmodules zusätzliche Licht- und Schaltbausteine im Modell sparen.

Kapitel 7: Bezugsquellen

Firma	Adresse
Sol-Expert	Sol-Expert group, Mehlisstr. 19, D-88255 Baindt
Benedini	Thomas Benedini Müllergasse 15, D-52159 Roetgen
Fohrmann Werkzeug GmbH	fohrmann-Werkzeuge GmbH Am Klinikum 7, D-02828 Görlitz
Knupfer Modellbau	Knupfer Modell - und Feinwerktechnik Karl-Bäder-Str. 7, D-73614 Schorndorf
Donau Elektronik GmbH	Donau Elektronik GmbH Donaustr. 36, D-94526 Metten
Marcus Langer Modellbau	Marcus Langer Modellbau Birkenhofstr. 73, D-82140 Olching
MZR	Andreas Rackel Rodinger Straße 21a, D-93192 Wald
Mikroantriebe	KK Produkcja ul Krzywa 29, PL 38-457 Zrecin
MikroModellBau.De	Mikromodellbau.de, Peter Stöhr Blumenstr. 26, D-96271 Grub am Forst
Lemo-Solar	Lemo-Solar GmbH Ährenweg 16, D-74360 Ilsfeld
Stephan‘s Modell- & Traktorarbeiten	Stephan‘s Modell- & Traktorarbeiten Rosa-Luxemburg-Straße 26, D-01558 Großenhain

Homepage	Produkte
www.sol-expert.de	Hier gibt es alles was man für Mikromodellbau benötigt: Empfänger, Getriebe, RC-Komponenten, Akkus usw.
www.benedini.de	Soundmodul TBS mikro, Software, Sounddateien, Interfacekabel
www.fohrmann.com	Werkzeuge für Feinmechanik und Modellbau
www.knupfershop.de	Schrauben ab M0,6, Modellschrauben, Messingprofile, Werkzeuge
www.donau-elektronik.com	Werkzeuge, Elektronikartikeln
www.langer-modellbau.de	Baumaschinenmodelle und Zubehör im Maßstab 1:87
www.mzr-online.com	Fahrwerk für Menck, Metall-Ketten für Liebherr, Kardangelenke, Fahrwerksteile für Allradantrieb
www.mikroantriebe.de	Mikrogetriebe, RC-Komponenten, Zahnräder, Achsen
www.mikromodellbau.de	Entwicklung und Vertrieb von Komponenten für den Mikromodellbau
www.lemo-solar.de	Kegelzahnräder Modul 0,2, verschiedene Zahnräder in Modul 0,3
www.die-modellfabrik.de	Verschiedene Baggermodelle, Zubehörteile für Baumaschinen